CARRERA 4

CARRERA 4
Porsche Allrad 1900–1990
Porsche All-Wheel Drive 1900–1990

Beiträge von/Contributions by
Ferry Porsche, Helmuth Bott, Manfred Bantle,
Friedrich Bezner, Heinz Dorsch, Lothar Witte,
Henry Keller, Reinhard Seiffert

Herausgeber/Editor
Reinhard Seiffert

christophorus
EDITION
SÜDWEST

Herausgeber und Verlag danken Porsches PR-Chef Manfred Jantke und den Damen und Herren der Porsche-Öffentlichkeitsarbeit sowie Edith und Jerry Sloniger für ihre tatkräftige Unterstützung beim termingerechten Erscheinen dieses Buches zur Premiere des Porsche Carrera 4.

Editor and publisher want to thank Porsche PR Director Manfred Jantke and the ladies and gentlemen of the Porsche public relations department, as well as Edith and Jerry Sloniger, for their unstinting support in the prompt appearance of this book for the premiere of Porsche's Carrera 4.

Englische Übersetzung/English Translation:
The Slonigers

Fotografen/Photographers:
Christoph Bauer (32 und Umschlag/and jacket),
Dieter Röscheisen (11),
Wolfgang Falk, Wolfgang Herget, Ferdi Kräling,
Felix Muls, Klaus Reichert, H. P. Seufert, Jerry Sloniger,
Gerd Wipfler, Stefan Wolf.

Fotos und Illustrationen/Illustrations:
Porsche Historisches Archiv, Porsche Pressearchiv,
Audi AG, auto motor und sport, Auto Union GmbH,
Stuttgarter Luftbild Elsässer GmbH, freigegeben
d. Reg.-Präs. Stuttgart, Liz.-Nr. 9/80074 (Seite 69), Flygfoto
Johan Fjellström (Seite 93), Lips Autotron Museum,
Motorpresse International, Sonauto, Volkswagen AG.
Bild Cord L-29 auf Seite 43 mit freundlicher Genehmigung von/photo of the Cord L-29 on page 43 with kind permission of „Automobile Quarterly", Wyomissing, Pennsylvania, USA.

Zeichnung auf Seite 129/Drawing on page 129:
Dr. Gerhard Widl

ISBN 3-517-01124-X
2. Auflage

Layout: J. Bohlmann, München
Satz: Bechtle-Druck, Esslingen
Technische Herstellung: Sellier Druck GmbH, Freising
Printed in Germany

In diesem Buch

Contents

Ferry Porsche

Porsche Allrad

Dieses Buch gilt dem 911 Carrera 4, dem neuesten Fahrzeug in einer langen Reihe von Porsche-Konstruktionen mit Allradantrieb. Am Carrera 4 ist nicht nur die Allrad-Technik neu und richtungsweisend. Wir bei Porsche meinen, daß er auch in vielen anderen Punkten Maßstäbe setzt. Ich freue mich, daß Sie, sehr geehrte Leserin und sehr geehrter Leser, sich mit diesem Fahrzeug beschäftigen wollen – und darüber hinaus mit der Entwicklung des Allradantriebes in unserem Jahrhundert, die mit dem Namen Porsche eng verbunden ist.

Seit ich als Achtjähriger – ohne zu fragen – auf den schweren Zugmaschinen herumkletterte, die auf dem Fabrikhof standen, und versuchte, die Motoren anzulassen – seitdem bin ich mit Allradantrieb in vielerlei Formen vertraut. Die Austro-Daimler-Zugmaschinen des Ersten Weltkrieges lieferten zum Teil Generatorstrom für den elektrischen Allradantrieb der einzelnen Wagen, zum Teil hatten sie selbst Allradantrieb mit Kegelradgetrieben in den Vorderachsen.

Im Zweiten Weltkrieg war es nicht nur das mir anvertraute VW-Schwimmwagenprojekt, mit dem ich unschätzbare Allraderfahrungen sammelte. Ich fuhr auch eine zivile VW-Limousine mit Allradantrieb – einen Ableger des sogenannten „Kommandeurwagens“. Mit diesem Auto pendelte ich zwischen unserem nach Gmünd in Kärnten verlagerten Betrieb und unserem Lager in Zell am See hin und her. Die Alpenpässe Katschberg und Tauernpaß waren damals noch nicht so gut ausgebaut wie heute. Der Allradantrieb war zuschaltbar, aber ich ließ ihn fast immer eingeschaltet – das Auto war in dieser Form sehr gut zu fahren. In der Traktion war dieser Allrad-VW allen damaligen Autos weit überlegen. Die Traktion war für uns schon bei der Konzeption des Volkswagens ein wichtiger Gesichtspunkt. Wir waren davon überzeugt, daß – wenn nur eine Achse angetrieben wird – Motor und Antrieb zusammengehören. Die Entwicklung im Lauf der Jahrzehnte hat dies bestätigt: Noch heute gibt es keinen Personenwagen mit Vorder- oder Hinterradantrieb, der den Volkswagen in der Traktion übertrifft.

Wir hatten uns nach vielen Überlegungen für den Heckmotor entschieden, obwohl auch der Frontantrieb zur Diskussion stand. Ich erinnere mich noch gut an einen amerikanischen Cord mit Frontantrieb, den wir zu Beginn der 30er Jahre kauften. Wir hatten in den Zeitschriften der Society of American Engineers viel über den Frontantrieb mit den damals neuen Rzeppa-Gelenken gelesen und wollten uns selbst ein Bild machen. Dieses schwere Auto mit seinem drehmomentstarken Motor stand vor dem Hotel Marquardt in Stuttgart, in dem wir damals wohnten, auf völlig ebener Straße. Als ich damit an einem Regentag losfahren wollte und einkuppelte, drehten sich zwar die Vorderräder auf dem nassen Straßenpflaster, aber das Auto bewegte sich keinen Zentimeter vorwärts. Natürlich sind die Reifen heute griffiger als damals, und es gibt keinen so rutschigen Blaubasalt mehr. Die physikalischen Gesetze, die damals zum Durchdrehen der Antriebsräder des Cord führten, gelten aber immer noch. Ich bin darum – nach wie vor – davon überzeugt, daß der Frontantrieb bei starkmotorisierten Fahrzeugen eine ausgezeichnete Ergänzung zum Hinterradantrieb, aber kein geeigneter Alleinantrieb ist.

Frontantrieb wurde darum von uns auch nur für Allradfahrzeuge verwendet – es gab nie einen Porsche, bei dem nur die Vorderräder angetrieben wurden. Nach den Erfahrungen des Krieges, die unsere Entscheidung für den luftgekühlten Heckmotor voll bestätigt hatten, begannen wir schon 1946 in Gmünd mit der Konstruktion eines Rennwagens mit vor der Hinterachse liegendem Motor, Hinterradantrieb und zuschaltbarem Vorderradantrieb. Wir wußten, daß wir die hohe Leistung des wassergekühlten Zwölfzylinder-Boxermotors mit den damals verfügbaren schmalen

Professor Dr. Ing. h.c.
Ferry Porsche

Rennreifen trotz guter Gewichtsbelastung der Antriebsräder nicht auf den Boden bringen konnten. Wir wollten den Weltrekord über den Kilometer mit stehendem Start brechen. Es wurde nichts aus dem Rekordversuch, weil unserem Auftraggeber Piero Dusio das Geld ausging. Der Rekord blieb bei dem – leider schon 1938 tödlich verunglückten – Bernd Rosemeyer und dem Rennwagen der Auto Union, der ja ebenfalls eine Porsche-Konstruktion war.

Es waren also niemals nur die Vorteile beim Fahren im Gelände oder bei Schnee und Eis, die nach unserer Meinung für den Allradantrieb sprechen. Gerade bei Limousinen mit Frontmotor und Heck-Kofferraum, deren Gewichtsverteilung und Fahreigenschaften sich bei Zuladung stark ändern, ist es ein großer Vorteil für die Fahrsicherheit, wenn alle Räder angetrieben werden. Davon bin ich schon immer überzeugt und freue mich, daß es durch die neueste Entwicklung im Automobilbau wieder bestätigt wird.

Die Vorteile unseres bewährten Heckmotorkonzepts werden durch den Allradantrieb im Carrera 4 zusätzlich unterstrichen. Die elektronische Regelung in Verbindung mit dem zusätzlichen Antrieb der Vorderräder ermöglicht eine weitere Vervollkommnung der Fahreigenschaften. Sie bestätigt aufs Neue die Richtigkeit unseres Heckmotor-Allradkonzepts von 1934. Vielleicht war der Allradwagen mit elektrischen Radnabenmotoren, den mein Vater vor fast 90 Jahren baute, schon ein ähnlich harmonisches Fahrzeug – er kam lange vor mir auf die Welt, und ich habe ihn nie gefahren. Umso lieber fahre ich den Carrera 4. Ich sehe in ihm den modernsten Nachfolger unseres Typs 356, mit dem vor 40 Jahren in Gmünd die Geschichte unserer Automobilmarke Porsche begann. Ich wünsche diesem Auto einen so guten Erfolg, wie er allen seinen Vorgängern beschieden war.

In Gmünd/Kärnten entstand im Jahr 1948 der Porsche 356 Nr. 1 – hier mit Ferdinand Porsche und Ferry Porsche. Darunter: Ferry Porsche mit dem langjährigen Porsche-Oberingenieur Karl Rabe – und in Nr. 1.

Porsche 356 no 1 was created during 1948 in Gmünd, Carinthia – shown with Ferdinand Porsche and Ferry Porsche. Below them: Ferry Porsche with longtime Porsche Chief Engineer Karl Rabe – and in no 1.

Ferry Porsche

Porsche All-Wheel Drive

This book concerns the 911 Carrera 4, newest car in a long line of Porsche designs with all-wheel drive. But all-wheel technology is not the only new and pacesetting feature of the Carrera 4. We at Porsche believe that it sets standards in many other points as well. I am happy that you, our readers, want to become involved with this automobile – and beyond that, with development of all-wheel drive in our century, which has been closely tied to the Porsche name.

Since I clambered up on the giant road trains standing in the factory yard at the age of eight – without asking of course – and tried to start their engines – since then I have been involved with all-wheel drive in many forms. Some Austro-Daimler road trains in WW I delivered generator current for electric, all-wheel drive in the individual wagons, others had their own all-wheel systems with bevel-gear transmissions for the front axle.

During WW II the VW amphibian project entrusted to me was not the only one which gave me such invaluable all-wheel experience. I also drove a civilian VW sedan with all-wheel drive – a spinoff of the so-called "Kommandeur." With this car I shuttled between our offices, moved to Gmünd in Carinthia, and our warehouse in Zell am See. The Katschberg and Tauern alpine passes weren't as well constructed as they are today. That all-wheel drive could be selected manually but I left it engaged almost all the time – the car was very nice to drive in that form. When it came to traction, this all-wheel-drive VW was vastly supperior to any car of its day.

Traction was a very important consideration for us when designing the Volkswagen. We were convinced even then that engine and drive belonged together – when only one axle was to be driven. Development over the decades has confirmed this. Even now there is no passenger car with front- or rear-wheel drive which surpasses a Volkswagen in the matter of traction.

After a great deal of consideration we decided on the rear engine, although front drive was also discussed. I clearly remember an American Cord with front drive which we bought at the beginning of the 30s. We had read a great deal about front drive with Rzeppa joints, which were new then, in the magazine of the Society of American Engineers and wanted to form our own opinion. This heavy car with its high-torque engine stood in front of the Hotel Marquardt in Stuttgart, where we lived at the time, on a completely level street. When I tried to drive off on a rainy day, the front wheels spun on wet paving stones but the car didn't move forwards so much as a centimeter.

Tires today naturally have more grip than ours then and we don't have such slippery blue basalt any more. But the physical laws which led to the spinning drive wheels of the Cord at that time still apply. That is why I am convinced as I always was – that front-wheel drive for powerful cars is an outstanding extension of rear-wheel drive but never a viable drive system on its own.

This is why we only included front-wheel drive in all-wheel-drive vehicles – there was never a Porsche driven by its front wheels alone. Following experience during the war, which completely confirmed our decision to use an air-cooled, rear-mounted engine, we began building a race car during 1946 in Gmünd with engine ahead of its rear axle, rear-wheel drive but optional front-wheel drive as well. We knew that we could never put the high output of that water-cooled, twelve-cylinder boxer engine to the ground with the narrow racing tires available then, despite good loading of the drive wheels. We wanted to break the world record for a

BB PW 215

Heckmotor und Allradantrieb: Porsche Carrera 4.

Rear engine and all-wheel drive: Porsche Carrera 4.

kilometer with standing start. But that record attempt never came to pass because our contract partner, Piero Dusio, ran out of money. The record remained with Bernd Rosemeyer – sadly killed in 1938 – and the Auto Union race car, also a Porsche design.

It was never solely the advantages when driving on off-road terrain, snow or ice which speak for all-wheel drive in our opinion. Particularly for sedans with front engine and rear trunk, whose weight distribution and handling change sharply with load, it is a great advantage for driving safety when all four wheels are driven. I remain entirely convinced of this and am happy that the latest developments in automobile construction support me.

The advantages of our proven, rear-engine concept are underlined further by all-wheel drive in the Carrera 4. Electronic control, in conjunction with additional drive to the front wheels, permits a further perfection of handling. It confirms anew that we were right with our rear-engine, all-wheel concept from 1934. Perhaps the all-wheel-drive car with electric wheel-hub motors which my father built nearly 90 years ago was already a similarly harmonious vehicle – it arrived in the world long before I did and I never drove one. Thus I am even more pleased to drive a Carrera 4. In it I see the most modern successor to a Type 356, which initiated the history of our Porsche automobile marque 40 years ago in Gmünd. I wish this car success as complete as that of its predecessors.

Reinhard Seiffert

Allrad-Konzepte von 1900 bis 1990

Der Wagen, mit dem Ferdinand Porsche im Jahr 1900 auf der Pariser Weltausstellung Aufsehen erregte, wurde von elektrischen Radnabenmotoren in den Vorderrädern angetrieben. Es war das Prinzip des Pferdegespanns – übertragen auf die Elektrizität als Antriebsenergie.

Das Kind, das im Hof vor meinem Fenster auf sein rotes Dreirad klettert, wendet – ohne es zu wissen – das gleiche Prinzip an. Es tritt mit hohem Anfahrdrehmoment in die Pedale. Auch Elektromotoren können aus dem Stand anfahren, sie brauchen kein Schaltgetriebe und keine Kupplung. Die Lenkung mit nur einem Rad kommt in ihrer Einfachheit der Drehschemel-Lenkung der Pferdewagen gleich, Lenkung und Antrieb sind beim Kinderdreirad auf ein Rad vereinigt.

Beim Automobil blieben sie zunächst getrennt. Carl Benz genügte zwar ein Einzel-Vorderrad für die Lenkung seines ersten Motorwagens, aber zum Antrieb diente die Hinterachse. Bald danach wurde die Achsschenkellenkung mit zwei einzeln gelenkten Rädern, deren kurze Lenkhebel durch eine „Spurstange“ verbunden sind, zum Standard beim Automobil. Denn die Drehschemel der Pferdewagen nehmen viel Raum in Anspruch und erfordern zu große Hebelwege: Eine lange Deichsel kann man beim Auto nicht brauchen.

Und man konnte die achsschenkelgelenkten Vorderräder zunächst nicht antreiben. Zwar gab es auch frühe Motorwagen mit angetriebenen Vorderachsen, aber bei ihnen wurden die Hinterräder gelenkt. Das Problem, das dabei entstand, kennt jeder Autofahrer, der einmal dicht an einem Kantenstein geparkt hat und rückwärts herausfahren mußte: Die zu Hinterrädern gewordenen Vorderräder lenken in die scheinbar falsche Richtung und geraten mit dem Kantenstein in Konflikt. Wenn man das weiß, kann man sich darauf einstellen, und so war die Hinterradlenkung ein praktikabler Notbehelf.

Auch Ferdinand Porsche baute bei der Wiener Kutschwagenfabrik Lohner zunächst ein solches hinterradgelenktes Fahrzeug. Aber sein nächster Wagen – eben jener auf der Weltausstellung – erhielt gelenkte Vorderräder, deren Radnabenmotoren sich beim Lenken mitbewegten. Das funktionierte gut und war der erste problemlose Vorderradantrieb der Automobilgeschichte. Es war zugleich die Voraussetzung für den ersten problemlosen Allradantrieb.

Porsche brauchte für diesen Allradantrieb nur in den „Baukasten“ zu greifen und seine schon vorhandene, nicht lenkbare Antriebsachse als Hinterachse mit der gelenkten und angetriebenen Vorderachse zu kombinieren. Das tat er natürlich auch – damit begann die Allrad-Story.

Aber was ist das eigentlich – „Allradantrieb“? Porsches erster Allradwagen hatte vier angetriebene Räder, und noch heute wird Allradantrieb oft gleichgesetzt mit Vierradantrieb. Für den Antrieb aller vier Räder eines Autos hat sich das internationale Kürzel 4WD, Four-Wheel-Drive, eingeführt. Die Gleichsetzung Allrad = Vierrad trifft zu, wenn bei einem Vierradfahrzeug alle Räder angetrieben werden. Bei einem Fahrzeug mit sechs Rädern dagegen ist Vierradantrieb keineswegs gleich Allradantrieb – zum Beispiel bei einem dreiachsigen Lastwagen, bei dem üblicherweise beide Hinterachsen angetrieben werden. Mit Zwillingsrädern hat er dann sogar Achtradantrieb. Allradantrieb eines solchen Dreiachsers wäre dann zumindest Sechsrad-, wenn nicht Zehnradantrieb.

Aber auch dreiachsige Rennwagen hat es gegeben – bei ihnen wurden meist nur die vier Hinterräder angetrieben. Der gewaltige dreiachsige Weltrekordwagen T 80, den Ferdinand Porsche für Daimler-Benz konstruierte,

Ferdinand Porsche (links), geboren am 3. September 1875, im Jahr 1888 mit Eltern und Geschwistern vor seinem Geburtshaus in Maffersdorf/Böhmen. Ein Foto von 1894 (unten links) zeigt ihn mit einer selbstgebauten elektrischen Anlage im väterlichen Haus. Rechts Mitte: 1898 als Betriebsassistent bei Egger & Co in Wien mit einem 125 PS-Elektromotor. Noch bei Egger entstand die Konstruktion des Lohner-Porsche (darunter).

Ferdinand Porsche (left), born on 3 September, 1875, in 1888 with his parents and siblings in front of the house where he was born in Maffersdorf, Bohemia. A photo from 1894 (below left) shows him with the electric system which he built for his father's house. Right center: 1898, as factory assistant at Egger & Co in Vienna, with a 125 HP electric motor. Design of the Lohner-Porsche (below it) was also done in Egger days.

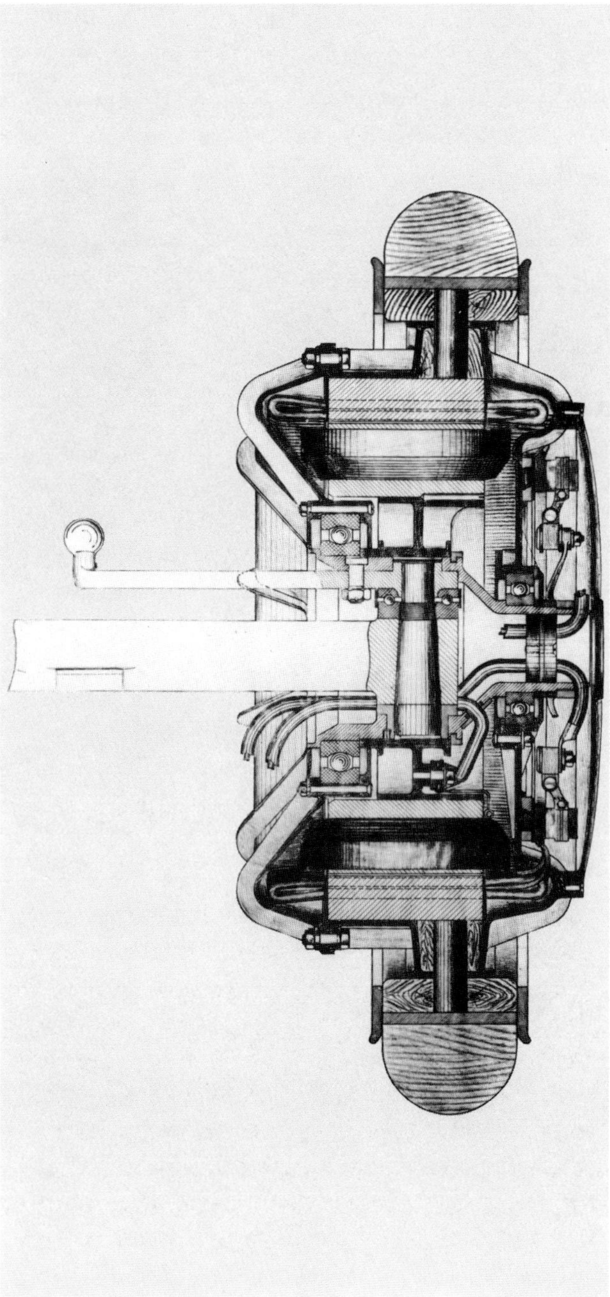

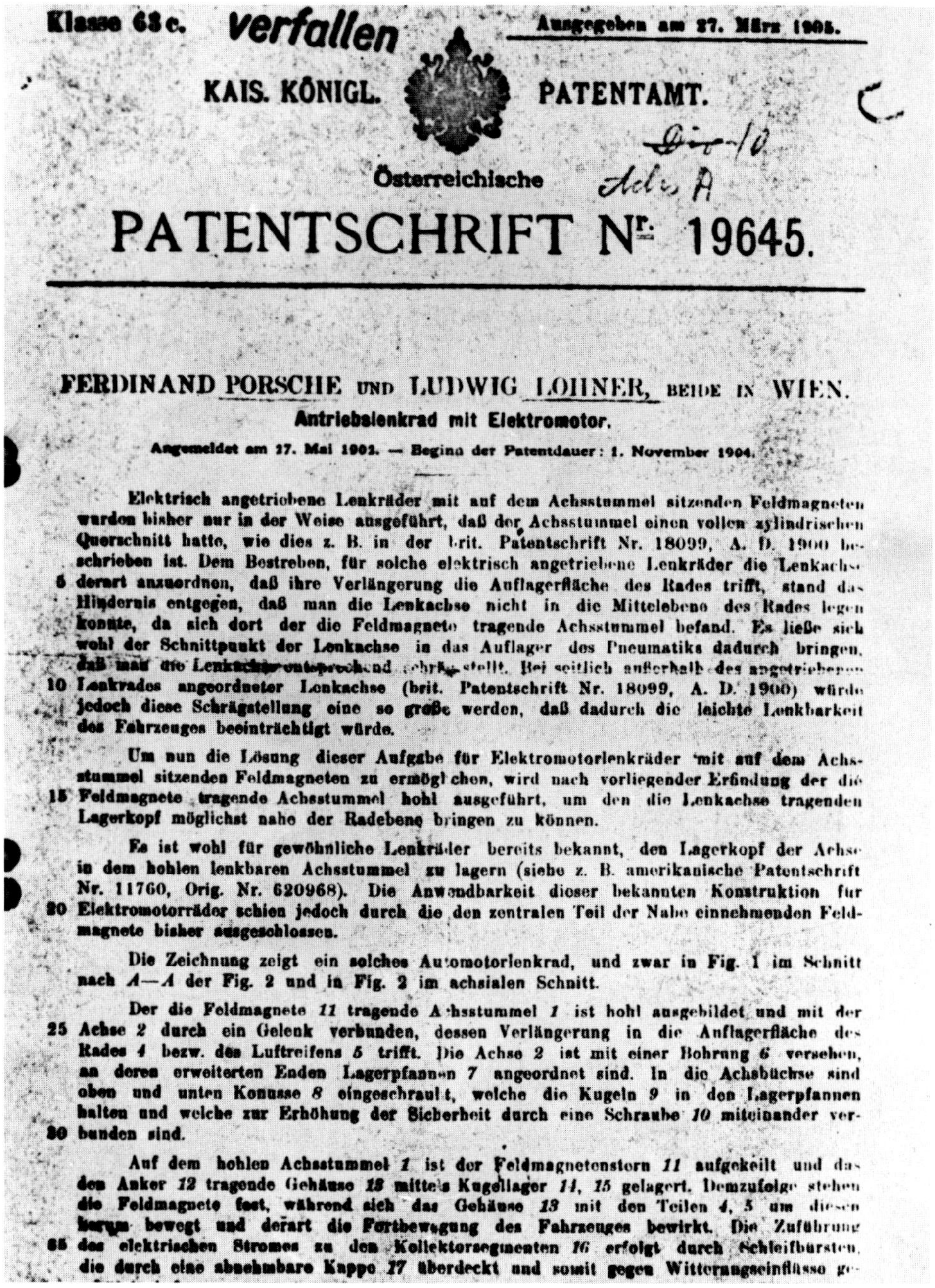

Klasse 63 c. **verfallen** Ausgegeben am 27. März 1905.

KAIS. KÖNIGL. PATENTAMT.

Österreichische

PATENTSCHRIFT Nr. 19645.

FERDINAND PORSCHE UND LUDWIG LOHNER, BEIDE IN WIEN.

Antriebslenkrad mit Elektromotor.

Angemeldet am 27. Mai 1902. — Beginn der Patentdauer: 1. November 1904.

Elektrisch angetriebene Lenkräder mit auf dem Achsstummel sitzenden Feldmagneten wurden bisher nur in der Weise ausgeführt, daß der Achsstummel einen vollen zylindrischen Querschnitt hatte, wie dies z. B. in der brit. Patentschrift Nr. 18099, A. D. 1900 beschrieben ist. Dem Bestreben, für solche elektrisch angetriebene Lenkräder die Lenkachse derart anzuordnen, daß ihre Verlängerung die Auflagerfläche des Rades trifft, stand das Hindernis entgegen, daß man die Lenkachse nicht in die Mittelebene des Rades legen konnte, da sich dort der die Feldmagnete tragende Achsstummel befand. Es ließe sich wohl der Schnittpunkt der Lenkachse in das Auflager des Pneumatiks dadurch bringen, daß man die Lenkachse entsprechend schräg stellt. Bei seitlich außerhalb des angetriebenen Lenkrades angeordneter Lenkachse (brit. Patentschrift Nr. 18099, A. D. 1900) würde jedoch diese Schrägstellung eine so große werden, daß dadurch die leichte Lenkbarkeit des Fahrzeuges beeinträchtigt würde.

Um nun die Lösung dieser Aufgabe für Elektromotorlenkräder mit auf dem Achsstummel sitzenden Feldmagneten zu ermöglichen, wird nach vorliegender Erfindung der die Feldmagnete tragende Achsstummel hohl ausgeführt, um den die Lenkachse tragenden Lagerkopf möglichst nahe der Radebene bringen zu können.

Es ist wohl für gewöhnliche Lenkräder bereits bekannt, den Lagerkopf der Achse in dem hohlen lenkbaren Achsstummel zu lagern (siehe z. B. amerikanische Patentschrift Nr. 11760, Orig. Nr. 620968). Die Anwendbarkeit dieser bekannten Konstruktion für Elektromotorräder schien jedoch durch die den zentralen Teil der Nabe einnehmenden Feldmagnete bisher ausgeschlossen.

Die Zeichnung zeigt ein solches Automotorlenkrad, und zwar in Fig. 1 im Schnitt nach *A—A* der Fig. 2 und in Fig. 2 im achsialen Schnitt.

Der die Feldmagnete *11* tragende Achsstummel *1* ist hohl ausgebildet und mit der Achse *2* durch ein Gelenk verbunden, dessen Verlängerung in die Auflagerfläche des Rades *4* bezw. des Luftreifens *5* trifft. Die Achse *2* ist mit einer Bohrung *6* versehen, an deren erweiterten Enden Lagerpfannen *7* angeordnet sind. In die Achsbüchse sind oben und unten Konusse *8* eingeschraubt, welche die Kugeln *9* in den Lagerpfannen halten und welche zur Erhöhung der Sicherheit durch eine Schraube *10* miteinander verbunden sind.

Auf dem hohlen Achsstummel *1* ist der Feldmagnetenstern *11* aufgekeilt und das den Anker *12* tragende Gehäuse *13* mittels Kugellager *14*, *15* gelagert. Demzufolge stehen die Feldmagnete fest, während sich das Gehäuse *13* mit den Teilen *4*, *5* um diesen herum bewegt und derart die Fortbewegung des Fahrzeuges bewirkt. Die Zuführung des elektrischen Stromes zu den Kollektorsegmenten *16* erfolgt durch Schleifbürsten, die durch eine abnehmbare Kappe *17* überdeckt und somit gegen Witterungseinflüsse ge-

Wichtigstes Merkmal des Lohner-Porsche: der Radnabenmotor. Oben eine Schnittzeichnung und die Patentschrift. Der in Paris auf der Weltausstellung des Jahres 1900 gezeigte Wagen (rechts) machte den Namen Porsche bekannt. Er ist das erste Kraftfahrzeug mit problemlosem Vorderradantrieb.

Most important feature of the Lohner-Porsche: its wheel-hub motor. Above a cutaway drawing and patent paper. The car shown at the 1900 world exhibit in Paris (right) made Porsche's name known. It was the first vehicle with unproblematic front-wheel drive.

Reinhard Seiffert

All-Wheel-Drive Concepts from 1900 to 1990

The Ferdinand Porsche car which caused such a sensation at the 1900 Paris World Exhibition was driven by electric wheel-hub motors in its front wheels. It was the principle of a horse coach – adapted to electricity as the motive power.

The child rushing around the yard outside my window on his red tricycle is applying – without knowing it – the same principle. It pushes the pedals with high starting torque. Electric motors can start a car from rest too, they need neither gearbox nor clutch. Steering with only one wheel is similar in its simplicity to the center-pivot steering of a horse wagon, steering and drive are combined in one wheel of a child's tricycle.

For automobiles, these were separated originally. Carl Benz made do with a single front wheel to steer his first motor car, but drive went to the rear axle. Shortly thereafter Ackerman steering with two, individually-steered wheels, whose short steering arms were connected by a "track rod," became the automobile standard. The singletree of a horse coach takes up a great deal of space and demands excessive lever arms: we have no use for a long shaft on an automobile.

At first they couldn't drive Ackerman-steered front wheels either. Actually, there were early motor cars with driven front axles too, but these were steered by the rear wheels. Any driver who has parked close to a curb and had to back out knows the problems that brings: front wheels which have become "rear" wheels seem to steer in the wrong direction and come into conflict with the curb.

If you know this you can adapt to it and rear-wheel steering was thus a useful makeshift solution.

Ferdinand Porsche also built a vehicle with rear-wheel steering for Lohner, the Viennese coach company. But his next car – the one for the world's fair – had steered front wheels whose hub motors moved when they were turned. That functioned quite well and was the first unproblematic front-wheel drive in automobile history. It was also the prerequisite for the first, unproblematic all-wheel drive.

Porsche only had to reach into his box of parts for all-wheel drive, combining an already-available, unsteerable drive axle as rear axle with the steered and driven front axle. He naturally did just that – and the all-wheel-drive story begins.

But what is "all-wheel drive" in reality? Porsche's first all-wheel-drive car had four driven wheels and even now, all-wheel drive is often equated with four-wheel drive. The international symbol, 4WD for four-wheel drive, is common usage for drive to all four wheels. The equation, all-wheel = four-wheel, applies when all the wheels of a four-wheel vehicle are driven. For a vehicle with six wheels, on the other hand, four-wheel drive is certainly not all-wheel drive – for a three-axle truck for instance, where both rear axles are normally driven. Using dual wheels it even has eight-wheel drive.

All-wheel drive for such a three-axle machine would then be at least six-, if not ten-wheel drive. There have been three-axle race cars as well – but usually with no more than four driven rear wheels. The mighty, three-axle, T 80, world-record car which Ferdinand Porsche designed for Daimler-Benz had such four-wheel drive. You can see this for yourself at the Mercedes Museum in Stuttgart-Untertürkheim, where it stands today – due to WW II this T 80 was never run.

The fact that Porsche drove more than one axle of this exceptionally-powerful car was due, among other things, to keeping wear of

hatte einen solchen Vierradantrieb. Man kann es im Mercedes-Museum in Stuttgart-Untertürkheim nachprüfen, wo er heute steht – der T 80 kam wegen des Zweiten Weltkrieges nie zum Einsatz.

Daß Porsche bei diesem superstarken Fahrzeug mehr als eine Achse antrieb, hatte seinen Grund unter anderem in der Absicht, den Verschleiß der Hochgeschwindigkeitsreifen gering zu halten. Vier Räder brauchen bei gleicher Fahrleistung pro Rad nur genau halb soviel Kraft zu übertragen wie zwei – diese Rechnung war Porsche von den Allradfahrzeugen her vertraut, die er vor dem Ersten Weltkrieg konstruiert hatte. Sein Name steht nicht nur am Beginn der Allradgeschichte, Antriebsfragen beschäftigten ihn lebenslang. Niemand hat in der ersten Hälfte unseres Jahrhunderts mehr Vier- und Allradantrieb-Fahrzeuge konstruiert und verwirklicht als dieser Ingenieur aus Maffersdorf in Böhmen.

Der „T 80" war also einer der schnellsten vierradgetriebenen Wagen, die je projektiert wurden, aber er war kein Allradfahrzeug. Ob zwei, drei, vier, sechs oder acht Räder eines Fahrzeuges angetrieben werden – von Allrad kann man nur sprechen, wenn es alle sind. Nur dann wird das gesamte Fahrzeuggewicht zur Übertragung der Antriebskraft genutzt – ein wesentlicher Vorteil des Allradantriebes. Im Interesse einer klaren Terminologie könnte ich mir vorstellen, die Ausdrücke Zwei-, Vier- oder Allradantrieb durch den Prozentanteil des auf den Antriebsrädern ruhenden Fahrzeuggewichts zu ersetzen. Zweiradantrieb der Vorder- oder Hinterachse eines Autos wäre dann, je nach Gewichtsbelastung der Antriebsachse, ein 35- bis 65-Prozent-Antrieb, Allradantrieb wäre ein 100-Prozent-Antrieb.

Aber Vorschläge dieser Art, wenn sie auch noch so gescheit sind, haben es schwer, sich gegen den gewohnten Sprachgebrauch durchzusetzen. Sprechen wir also ruhig von Zwei- oder Vierradantrieb, wenn klar ist, daß es sich um Vierradfahrzeuge handelt. Und das ist bei den Personenwagen und Sportwagen, von denen hier meist die Rede ist, immer der Fall. Das Prinzip des Antriebs aller Räder dagegen kann nur Allradantrieb heißen.

So war Ferdinand Porsches Wagen mit vier Rädern und vier Elektromotoren sowohl das erste Allrad- als auch das erste 4WD-Fahrzeug. Einige Jahre später wendete Porsche die gleiche Antriebsweise mit je einem Elektro-

Allradantrieb mit Radnabenmotoren: Der viermotorige Lohner-Porsche wurde im September 1900 für Renn- und Rekordzwecke an den britischen Sportsmann E.W. Hart, Esq., nach Luton bei London ausgeliefert. Die Batterien wogen 1800 kg.

All-wheel drive with wheel-hub motors: this four-wheel-drive Lohner-Porsche was delivered to British sportsman E. W. Hart Esq in Luton near London, in 1900, for racing and record setting. Its batteries weighed 1800 kg.

Vierrad-, nicht Allradantrieb: Für Daimler-Benz konstruierte Ferdinand Porsche 1939 den Weltrekordwagen T80. Zwei der drei Achsen wurden angetrieben.

Four- but not all-wheel drive: Ferdinand Porsche designed the T 80 world-record car for Daimler-Benz in 1939. Two of its three axles were driven.

its high-speed tires to a minimum. Four wheels only have to transfer half as much power each as two, given the same engine output – a fact Porsche knew from the all-wheel-drive vehicles he had designed before WW I. His name not only appears at the very beginning of all-wheel-drive history, he remained concerned with drive problems throughout his life. Nobody during the first half of our century designed and realized more four- and all-wheel-drive vehicles than this engineer from Maffersdorf in Bohemia.

The T 80 was certainly one of the fastest four-wheel-drive cars ever proposed, but it was not an all-wheel-drive car. Whether two, three, four, six or eight wheels of a vehicle are driven – you can only speak of all-wheel drive when you mean all of them. Only then is total vehicle weight utilized to transfer tractive force – a primary advantage of all-wheel drive. In the interests of clear terminology, I could imagine replacing the words two-, four- or all-wheel drive with the percentile share of vehicle weight to be moved by the driven wheels. Two-wheel drive to the front or rear axle of a car would then become 35 to 65 percent drive, depending on weight distribution, all-wheel drive would be 100 percent.

Actually, suggestions of that kind, no matter how clever, have a difficult time breaking through against accepted usage. So we will simply speak of two- or four-wheel drive, when it is clear that we are talking about a four-wheel vehicle. With passenger and sports cars, which we are chiefly discussing here, that is always the case. The principle of drive to all wheels, on the other hand, can only be known as all-wheel drive.

Thus Ferdinand Porsche's car with four wheels and four electric motors was both the first all-wheel as well as the first 4WD vehicle. A few years later Porsche applied the same drive system of one electric motor per wheel or – at most – per axle to his "trains" which had far more than four wheels and two axles. The 1912 "Landwehr-Train" and the road trains Porsche designed for the Austrian army during the war consisted of up to 26 cars, each with its own electric drive. The "tow" didn't really pull, it only produced current for these electric motors and provided direction on or off the road. In effect it replaced the steering horse on the shaft. Tractive power, however, was provided by each wheel individually and thus only had to move the share of weight bearing directly on it, irrespective of the length of the train.

All-wheel drive or at least "multi-wheel" drive of this type still exists for rail vehicles today. Using electric motors they can achieve high performance – acceleration, climbs, speed – because their electric current is

Benzinelektrischer „Mixte"-Antrieb mit Daimler-Vierzylinder und Radnabenmotoren: Ferdinand Porsche 1902 vor seinem Elternhaus in Maffersdorf. Darunter: Die schnellen Austro-Daimler-Siegerwagen der „Prinz-Heinrich-Fahrt" von 1910 hatten Frontmotoren und Hinterradantrieb mit Differential.

Gasoline-electric, "mixte" drive with Daimler four-cylinder engine and wheel-hub motors: Ferdinand Porsche before his parent's house in Maffersdorf, 1902. Below that: rapid Austro-Daimler winners of the 1910 Prince Heinrich Trial had front engines and rear-wheel drive with differential.

motor pro Rad oder – maximal – pro Achse für seine „Züge" an, die viel mehr als vier Räder und zwei Achsen hatten.

Der sogenannte „Landwehr-Train" von 1912 und die während des Krieges von Porsche für die österreichische Armee konstruierten Züge bestanden aus bis zu 26 Wagen, von denen jeder eigenen Elektroantrieb hatte. Die Benzinmotor-„Zugmaschine" zog nicht, sie erzeugte nur den Strom für die Elektromotoren und gab auf der Straße und im Gelände die Richtung an. Sie ersetzte sozusagen das lenkende Pferd an der Deichsel. Die Zugarbeit dagegen verrichtete jedes Rad für sich, und es hatte dabei, unabhängig von der Länge des Zuges, nur den auf es entfallenden Gewichtsanteil vorwärtszubewegen.

Allradantrieb oder zumindest „Viel"-Radantrieb in dieser Form gibt es auch heute noch bei Schienenfahrzeugen. Sie können mit Elektromotoren hohe Fahrleistungen – also Beschleunigung, Bergsteigevermögen, Geschwindigkeit – erreichen, weil ihnen elektrischer Strom in großer Menge und Stärke über Oberleitungen zugeführt wird. Beim freibeweglichen Elektrofahrzeug blieb dagegen die Stromversorgung bis heute das schwierigste Problem.

Porsches erster Allradwagen wurde 1900 an die Besteller ausgeliefert. Das einzige erhaltene Bild mit den drei wohlbehüteten Herren, die auf dem Akkumulator thronen, findet man beim Vergleich mit heutigen Allrad-Sportwagen vielleicht komisch, aber von der Idee her

Erprobung eines Allrad-Zugwagens 1908. Porsche (unten am Lenkrad) konstruierte solche Fahrzeuge ab 1906 bei Austro-Daimler. Sie hatten Kegelradantrieb der gelenkten Vorderräder.

Testing the all-wheel-drive tow, 1908. Porsche (below, at the wheel) started designing such vehicles for Austro-Daimler in 1906. They had bevel-gear drive to the steered front wheels.

delivered in great amounts and power by overhead lines. For free-moving electric vehicles, however, current production remains the most difficult problem, even today.

Porsche's first all-wheel-drive car was delivered to a customer in 1902. The sole existing photo, showing three properly-hatted gentlemen enthroned atop the storage batteries, may seem comical in comparison to all-wheel-drive sports cars today, but in concept this car documents a more perfected form of all-wheel drive than many later all-wheel-drive cars. Each wheel could put full power to the ground without a complicated system of drive shafts, differential gears or locks. Porsche didn't use all-wheel drive in today's sense, it is true, to achieve optimum traction or handling. He simply wanted more performance than two of the small wheel-hub motors could provide. Porsche had established an automobile department at the Lohner coach factory in Vienna, where he built cars with the hub drive he – as a trained electrical engineer – had invented. Electric cars were fashionable then and Porsche's attracted great interest at the world's fair from a British public particularly interested in quiet electric city cars. When sporting Englishmen ordered a race and record car, he doubled the number of drive motors. The calculation that four motors would produce twice as much performance as two was undercut, in fact, by battery weight – sporting performance of the first all-wheel-drive Porsche proved limited.

dokumentiert dieses Fahrzeug eine perfektere Form des Allradantriebes als viele spätere Allradwagen: Ohne kompliziertes System von Antriebswellen, Differentialgetrieben und Sperren konnte jedes Rad die volle Leistung auf den Boden bringen.

Porsche benutzte den Allradantrieb zwar nicht im heutigen Sinne, um optimale Traktion oder ideale Fahreigenschaften zu erreichen, sondern er wollte ganz einfach mehr Leistung haben als zwei der kleinen Radnabenmotoren hervorbringen konnten. Porsche hatte in der Wiener Kutschwagenfabrik Lohner eine Automobilabteilung eingerichtet, in der er – von Haus aus Elektrotechniker – Wagen mit dem von ihm erfundenen Radnabenantrieb baute. Elektrowagen waren damals modern, und Porsche fand mit seinem Wagen auf der Weltausstellung besonders beim an leisen elektrischen Stadtwagen interessierten britischen Publikum großen Anklang. Als nun sportbegeisterte Engländer einen Renn- und Rekordwagen bestellten, verdoppelte er die Zahl der Antriebsmotoren. Die Rechnung, daß vier Motoren doppelt so viel Leistung bringen wie zwei, wurde allerdings durch das Akku-Gewicht beeinträchtigt – die sportlichen Leistungen des ersten Allrad-Porsche hielten sich in Grenzen.

Links: Die Austro-Daimler-Fabrik in Wiener Neustadt.
Unten:
Der „Landwehr-Train“ von 1912 mit elektrischem Radnabenantrieb aller Räder und Generator-Zugmaschine konnte auf Schienen, Straßen und im Gelände fahren.

Left: Austro-Daimler factory in Wiener Neustadt.
Below:
"Landwehr Train" of 1912, with electric hub drive for all wheels and generator tow car, could operate on rails, roads or off-road terrain.

Vorderradantrieb – mehr oder weniger perfekt

Abwegig war es aber keineswegs, einen Elektrowagen für Sportzwecke zu verwenden – der Geschwindigkeits-Weltrekord wurde damals wechselnd von Elektro- und Dampfwagen gehalten. Die Leistung der Verbrennungsmotoren war um die Jahrhundertwende noch gering. Aber sie nahm schnell zu, und damit ging die Zeit der Elektromotoren als Autoantrieb zu Ende. Großes Batteriegewicht, kleiner Aktionsradius und beschränkte Fahrleistungen brachten die leisen, abgasfreien Elektrowagen ins Hintertreffen gegenüber den weniger angenehmen Töff-Töffs, die Kraftstoff hoher Energiedichte im Tank mitführen konnten.

Schon mit seinen zweimotorigen Lohner-Elektrowagen hatte Porsche jedoch ein Problem gelöst, das den Konstrukteuren von Autos mit Verbrennungsmotor noch lange Kopfschmerzen bereiten sollte: den Antrieb gelenkter Vorderräder. Für den Antrieb der Vorderachse

Ferdinand Porsche als Austro-Daimler-Direktor im Jahr 1910.
Unten: Im 1. Weltkrieg entstanden der schwere „C-Zug“ und die Allrad-Zugmaschine M 17.

Ferdinand Porsche as Austro-Daimler director in 1910.
Below: the heavy "C-Zug" and all-wheel-drive M 17 tow unit were built during WW I.

Front-wheel drive – more or less perfect

It was certainly not wrong to use an electric car for motor sport – the world speed record was held alternately by electric and steam cars then. Output of internal combustion engines was still modest at the turn of the century. However, this increased rapidly and thus brought the era of electric motors as automobile power sources to an end. High battery weight, limited range and restricted output forced these quiet, exhaust-free electric cars to take a back seat to less-pleasant put-puts which could carry fuel in their tanks of a higher energy density.

But Porsche had already solved a problem with his two-motor Lohner electric cars which would give designers of autos with internal combustion engines headaches for some time: drive to the steered front wheels. Light hub motors simply turned too when the wheels were steered. Driving the front axle via a differental, as required with an internal combustion engine, had yet to be satisfactorily solved however – as was the case for all-wheel drive with differential.

To start with, Porsche also used hub motors in automobiles with gasoline engines: he replaced the batteries with current-producing units consisting of a Daimler engine and a generator. With such "mixte" drive Porsche avoided the gearbox and friction clutch which were sources of annoyance then. A contemporary form of this elegant solution would be Daimler-Benz "hybrid drive" for buses and delivery vans. Here a small storage battery serves as buffer for electric drive so that the internal combustion engine can be turned off temporarily, in pedestrian zones for instance. They even use brake force to recharge the batteries – Porsche's mixte drive was an early model for what is now the form of driving on fuel energy which offers the best environmental protection.

Ferdinand Porsche built mixte cars at Lohner and, as of 1906, as Technical Director at the Austrian Daimler company in Wiener Neustadt. This firm, later independent as Austro-Daimler, built commercial vehicles and passenger cars. In keeping with the trend of the times, engine output climbed steadily.

über ein Differentialgetriebe, wie es der Verbrennungsmotor erforderte, gab es dagegen noch keine befriedigende Lösung – somit auch nicht für den Allradantrieb mit Differential.

Porsche verwendete die Radnabenmotoren zunächst auch in Automobilen mit Verbrennungsmotor: Er ersetzte die Akkus durch ein Stromerzeugungs-Aggregat, bestehend aus einem Daimler-Motor und einem Generator. Mit diesem „Mixte"-Antrieb ersparte sich Porsche das Schaltgetriebe und die Reibungskupplung, die damals eine Quelle des Ärgers war. Eine aktuelle Form dieser eleganten Lösung ist der von Daimler-Benz praktizierte „Hybrid"-Antrieb von Bussen und Lieferwagen. Hier dient ein kleiner Akku als Puffer für den Elektroantrieb, so daß der Verbrennungsmotor, zum Beispiel in Fußgängerzonen, vorübergehend abgestellt werden kann. Sogar die Bremskraft wird noch zum Aufladen des Akkus benutzt – diese derzeit umweltschonendste Form des Fahrens mit Kraftstoffenergie hat in Porsches Mixte-Antrieb ein frühes Vorbild.

Mixte-Wagen baute Ferdinand Porsche bei Lohner und ab 1906 als Technischer Direktor bei der österreichischen Daimler-Gesellschaft in Wiener Neustadt. Die mit der Marke „Austro-Daimler" später selbständige Firma baute Nutzfahrzeuge und Personenwagen. Dem Trend der Zeit folgend, wurde die Motorleistung zunehmend höher. Der „weiche", aber leistungsmäßig begrenzte Mixte-Antrieb war mit Motoren von 80 und mehr PS nicht vereinbar – auf nicht mit dem Vierradantrieb, den Porsche in Mixte-Wagen ebenfalls ausprobierte. Die für das Firmen-Renommee wichtigen Rennsiege waren ohne Kupplung und Schaltgetriebe nicht mehr möglich: Porsches 146 km/h schnelle und 100 PS starke Austro-Daimler-Siegerwagen der „Prinz-Heinrich-Fahrt" 1910, eines damals bedeutenden Langstreckenrennens über 1945 Kilometer, waren klassische Autos mit Hinterachsantrieb über Differential.

Als privates Familienauto allerdings benutzte Porsche noch viele Jahre lang einen seiner Radnaben-Elektrowagen mit Akkumulator. Und den Allradantrieb praktizierte der nun als Rennfahrer und Konstrukteur renommierte Austro-Daimler-Direktor in geländegängigen Fahrzeugen – neben den benzinelektrischen Generator-Zügen konstruierte er auch zweiachsige Lastwagen und Zugmaschinen mit Verbrennungsmotor und mechanischem Allradantrieb. Sie hatten offene Kegelradgetriebe in den vorderen Radnaben – eine zwar für Personenwagen zu schwere und zu empfindliche, aber bei ständiger Schmierung einwandfrei funktionierende Lösung.

Es ist also keine propagandistische Übertreibung, Ferdinand Porsche als den wichtigsten Pionier des Allradantriebs in der Automobilgeschichte zu bezeichnen – das zeigt auch der weitere Gang der Allrad-Entwicklung. Der Ruhm, das erste Automobil mit Hubkolben-Verbrennungsmotor und Vierradantrieb gebaut zu haben, gebührt jedoch dem belgischen Ingenieur Josef-Valentin Laviolette und seinem holländischen Mitarbeiter F. W. Brand. Sie konstruierten einen Allradwagen, den die holländische Firma Spijker im Jahr 1903 auf dem Pariser Autosalon vorstellte. Er erregte damals zwar mehr Aufmerksamkeit wegen seines Sechszylinder-Motors – bis dahin waren vier Zylinder das Maximum in Personenwagen –, aber in diesem Fahrzeug wurden erstmals alle Räder über Differential angetrieben.

Der Spijker, der heute im Museum „Lips Autotron" in Drunen, Holland, zu sehen ist, hat bereits ein Mitteldifferential am Getriebe aufzuweisen – eine Voraussetzung für verspannungsfreien Vierradantrieb. Das Problem des Vorderradantriebs dagegen war mit den damaligen Mitteln nicht zu lösen: Die Kreuzgelenke an den Vorderrädern des Spijker führten beim Lenkeinschlag unter Antriebsbelastung zu ungleichförmiger Drehbewegung und stoßartiger Rückwirkung der Antriebskraft auf die Lenkung. Dies trug vermutlich dazu bei, daß der Spijker ein Einzelstück blieb. Der für den Einsatz auf den schlechten Wegen Holländisch-Ostindiens gebaute Wagen blieb in Europa. Immerhin gewann er im Jahr 1906 ein Bergrennen in England – auf nasser, unbefestigter Straße.

Das Fehlen von „Gleichlaufgelenken" zum einwandfreien Übertragen der Antriebskraft auf gelenkte Vorderräder blieb bis in die dreißiger Jahre ein Hindernis nicht nur für die Entwicklung von Allradautomobilen, sondern auch für den reinen Frontantrieb. Leichter lösbar war ein anderes Problem: Beim Allradantrieb über Differentiale muß zumindest das

Zur vorigen Doppelseite: Der „Kommandeurwagen" Typ 87 war eine der traktionsstärksten Allrad-Limousinen des 2. Weltkrieges.

Preceding double pages: the Type 87 "Kommandeur" was one of the best all-wheel-drive sedans of WW II for traction.

Das erste Auto mit Benzinmotor und mechanischem Allradantrieb mit Mitteldifferential: Der „Spijker“ von 1903. Er steht heute im Museum „Lips Autotron“ in Drunen, Holland.

First automobile with gasoline engine and mechanical all-wheel drive with center differential: the Dutch Spijker of 1903.

"Soft" but performance-limited mixte drive was incompatible with engines of 80 and more HP – even with four-wheel drive which Porsche also tried in mixte cars. Racing victories, so important to the firm's image, were no longer possible without clutch and gearbox. Porsche's 146 km/h, 100 HP Austro-Daimler which won the Prinz Heinrich trial in 1910, an important endurance race of that era covering 1945 kilometers, was a classic automobile with rear-axle drive via differential.

However, Porsche himself used one of his hub-motor electric cars with storage battery for many years as private family car. And the Austro-Daimler director, now renowned as both race driver and designer, used all-wheel drive in off-road vehicles – apart from gasoline-electric generator trains, he also designed two-axle trucks and tow units with internal combustion engines and mechanical all-wheel drive.They had open bevel gears in the front wheel hubs – too heavy and vulnerable for passenger cars but a perfectly functional solution, given regular lubrication.

Thus it is hardly publicity exaggeration to declare Ferdinand Porsche the most important pioneer of all-wheel drive in automobile history – as demonstrated by the further course of all-wheel-drive development. The honor of designing the first automobile with reciprocating-piston, internal combustion engine and four-wheel drive falls to the Belgian engineer Josef-Valentin Laviolette and his Dutch colleague F. W. Brand. They designed an all-wheel-drive car which Spijker of Holland presented at the Paris Automobile Salon in 1903. At that time it caused more of a sensation for its six-cylinder engine – up to then four cylinders were the maximum for passenger cars – but this vehicle was the first to have all its wheels driven via a differential.

The Spijker, which can be seen today at the *Lips Autotron* museum in Drunen, Holland, already used a center differential attached to the gearbox – a prerequisite for four-wheel drive without preloading. However, the problem of front-wheel drive could not be solved at that time by available means: universal joints for this Spijker's front wheels produced unequal rotational forces with steering lock and drive loads, transferring drive forces back to the steering as hard jolts. This is presumably the reason this Spijker remained unique. The car, built for use on the poor tracks of the Dutch East Indies, remained in Europe. Even so, it won a hillclimb in England during 1906 – on a damp, unpaved course.

The lack of constant-velocity joints for unproblematic transfer of drive force to steered front wheels remained a handicap, not only to the development of all-wheel-drive automobiles but also for pure front-wheel drive until the thirties. Another problem was easier to solve: with all-wheel drive via differentials at least the center differential must be lockable, otherwise spinning one wheel will render the entire drive useless. The differential lock became an early technical

Mitteldifferential sperrbar sein, weil sonst das Durchdrehen eines Rades den gesamten Antrieb wirkungslos machen kann. Die Differentialsperre wurde frühzeitig Stand der Technik für Geländefahrzeuge. Heute gehören automatische Sperren zu den Attraktionen der Allradtechnik. Porsches elektrischer Radnabenantrieb funktionierte allerdings auch ohne sie . . .

Dragster und „Einrad-Allrad"

Verlassen wir zunächst die fernen Gefilde der Geschichte und wenden wir uns den Problemen des Automobilantriebs zu, wie sie heute, über 100 Jahre nach der Entstehung der ersten brauchbaren Autos, mit Leidenschaft diskutiert werden. Mit Leidenschaft deswegen, weil die jahrzehntelang überwiegende Meinung, daß der Antrieb der Hinterräder durch einen vorn eingebauten Motor ausreiche, nicht mehr die allgemeine Anerkennung findet.

Ins Wanken gebracht wurde diese Meinung zunächst vom Heckmotor, dann vom Frontantrieb. Anfänglich eine Außenseiter-Methode, dann von den Großserienherstellern entdeckt und millionenfach produziert, dominiert der Antrieb der Vorderräder heute im Automobilbau und verwies den Hinterradantrieb zahlenmäßig auf den zweiten Platz. Seit nun der Frontantrieb Allgemeingut geworden ist, mehren sich Stimmen, die den zusätzlichen Antrieb der Hinterräder befürworten.

Ist er also doch unentbehrlich, der oft geschmähte Hinterradantrieb? Meine ersten Erfahrungen mit dieser Antriebsform datieren aus früher Kindheit: Ich besaß einen silbernen Mercedes-Rennwagen mit Fahrer – dem Gesicht nach war es Hermann Lang. In diesem Fahrzeug war ein so starkes Uhrwerk eingebaut, daß auf glattem Boden beim Anfahren die recht schmal bereiften Hinterräder durchdrehen konnten und der Rennwagen leicht schwänzelte, ehe er davonschoß. Ich schätzte das sehr, weil ich es einmal bei einem richtigen Rennwagen im Film genauso gesehen hatte.

Weniger gut gefiel mir eine andere Erscheinung: Wenn ich die Antriebsräder festhielt und den Wagen losließ, dann drehte er sich blitzschnell nach hinten und lag auf dem Rükken. Meinem Fahrer Hermann Lang machte das nichts aus, obwohl er keinen Sturzhelm und keinen Anschnallgurt hatte: Er war fest eingebaut. Aber der von mir beabsichtigte rasante Start war gründlich mißglückt.

Bei einem richtigen Rennwagen kann diese Erscheinung zwar nicht auftreten, weil es nicht menschenmöglich ist, die Räder in dieser Weise festzuhalten. Ich lernte auch sehr schnell, den Anfahrvorgang richtig zu simulieren, indem ich das Fahrzeugheck so stark auf den Boden drückte, daß die Räder sich zunächst nicht bewegen konnten und dann losließ. Dann funktionierte der Start einwandfrei.

Diese Erfahrungen aus Gullivers Rennpraxis sagen einiges über den Fahrzeugantrieb aus: Der Drehimpuls der Antriebsräder möchte jedes Fahrzeug vorn anheben und herumdrehen – nur gelingt ihm dies normalerweise nicht. In der Luft an den Rädern festgehalten, dreht sich jedes motorisierte Kinderspielzeug „rückwärts", beim Anfahren am Boden reicht das Eigengewicht des Vorderteils aus, um die Rückwärtsrolle zu verhindern: Nicht nur der Rennwagen, auch die fahrbare Mickymaus bewegt sich in der gewünschten Form vorwärts. Aber: Je stärker der Motor, um so stärker werden beim Anfahren die Vorderräder entlastet und die Hinterräder belastet.

Der Uhrwerkmotor meines Mercedes-Silberpfeils hatte ein relativ hohes Drehmoment, das – zum Fahrzeuggewicht in Beziehung gesetzt – Hermann Langs Original-Kompressormotor sogar übertraf. Da der Mini-Rennwagen keine Federung besaß, konnte man das Anheben des Vorderwagens beim Start nicht sehen, bei Alltagsautos dagegen ist diese Erscheinung beim Anfahren von außen leicht zu erkennen. Bei weich gefederten, stark motorisierten Limousinen konnte man solches „Nicken" früher auch während der Fahrt jederzeit durch Gasgeben hervorbringen – bei Nacht wurden dann entgegenkommende Fahrer selbst dann geblendet, wenn man Abblendlicht eingeschaltet hatte. Deshalb wird heute das Nicken beim Gasgeben und das „Tauchen" beim Bremsen durch Anti-Dive-Vorkehrungen in den Radaufhängungen unterdrückt. Beim Start von Motorradrennen kann man oft beobachten, wie die Vorderräder hochsteigen – die Fahrer müssen dann ihr Gewicht nach vorn verlegen, damit das Rad wieder Bodenkontakt bekommt und die Maschine lenkbar bleibt.

feature for off-road vehicles. Today automatic locks are one attraction of all-wheel-drive technology. Of course, Porsche's electric wheel-hub drive functioned without them . . .

Dragsters and "single-all-wheel" drive

But let's leave the further reaches of history now and turn to those problems in automobile drive which are discussed so energetically today, more than 100 years after the first usable auto was built. Energetically because the opinion held over decades, that drive to the rear wheels by an engine installed in front would suffice, no longer finds general approval.

This opinion was first shaken by rear engines, then by front-wheel drive. Initially an outsider method, then discovered by mass producers and built by the millions, drive through the front wheels dominates automobile construction today and relegates rear-wheel drive to second place statistically. Since front-wheel drive has become common usage, more and more voices are heard which favor additional drive to the rear wheels.

Is rear-wheel drive, so often scorned, really unavoidable then? My first experiences with this drive form date from early childhood. I owned a silver Mercedes race car with driver – the face looked like Hermann Lang. There was such strong clockwork in this toy car that it could spin its quite thin rear wheels when starting on a slick surface so that the race car fishtailed a little before shooting off. I loved it, because I had once seen a real race car doing just that in a film.

Another trait didn't suit me nearly as well. If I held on to the drive wheels and let go of the car, it flipped backwards in a split second, to lie on its back. My driver, Hermann Lang, didn't care, although he had neither crash helmet nor seat belt: he was built in. But the racing start I intended to provoke had come to naught.

This effect can't appear with a proper race car, it's true, because it is humanly impossible to hold onto the wheels that way. I quickly learned how to simulate a proper starting procedure by pressing the tail of the car down so hard that the wheels couldn't move at first, then releasing it. That way the start was ideal.

These experiences from Gulliver's racing practice tell us something about vehicle drive: angular momentum at the drive wheels tries to lift the nose of any car and turn it around – although it normally can't manage that. Hold the wheels firmly in the air and every motorized toy will flip backwards, but weight in the front is sufficient to hinder this back flip when starting on a surface. Not only race cars but even a drivable Mickey Mouse will move forwards as you wish. However: the stronger the motor, the more front wheels will be unweighted and rears loaded when starting.

The clockwork motor of my Mercedes Silver Arrow had relatively high torque, exceeding even Hermann Lang's original supercharged engine – when matched against vehicle weight. Since the miniature race car had no springs, you couldn't see the nose lifting during a start, whereas this phenomenon is easily observed during the start of an everyday automobile. With softly-sprung, high-powered sedans, it used to be possible to produce such bobbing underway by stepping on the throttle – at night oncoming drivers were blinded, even when you had switched to dipped beams. That is why lifting when accelerating and diving when braking are now suppressed by anti-dive measures in the suspension. At the start of a motorcycle race you will often notice how the front wheels lift – the driver has to shift weight forward to bring the wheel back into contact with the road so that the machine can be steered. This tendency to unweight the front wheels when accelerating is always there – whether the vehicle lifts noticeably or not. Rear wheels are loaded by the same amount since vehicle weight always remains the same. It is not removed, only shifted. The reverse is true when braking: front wheels are loaded more heavily, the rears unloaded.

All this is "physics" and can't be eliminated for all the money known. Technicians speak of "dynamic axle load shift." Its dimension depends on acceleration or deceleration at a given moment: when a racing motorcycle "wheelies," weight of machine and rider shift 100 percent to the rear. If we start very gently

Die Tendenz zur Entlastung der Vorderräder beim Beschleunigen ist immer vorhanden – ob das Fahrzeug erkennbar hochsteigt oder nicht. Im gleichen Umfang werden die Hinterräder zusätzlich belastet, denn das Fahrzeuggewicht bleibt immer gleich und läßt sich nicht aufheben, sondern nur verlagern. Umgekehrt werden beim Bremsen die Vorderräder stärker belastet und die Hinterräder entlastet.

Das alles ist „Physik" und kann darum auch mit viel Geld nicht aus der Welt geschafft werden. Die Techniker sprechen von „dynamischer Achslastverlagerung". Wie stark sie ist, hängt von der jeweiligen Beschleunigung oder Verzögerung ab: Beim hochsteigenden Rennmotorrad verlagert sich das Gewicht von Fahrzeug und Fahrer zu 100 Prozent nach hinten. Fahren wir dagegen mit einem Auto ganz sanft an, dann bleiben die Gewichtsanteile von Vorder- und Hinterachse nahezu unverändert.

Außer der dynamischen, also während der Bewegung entstehenden Achslastverlagerung gibt es auch eine „statische Achslastverlagerung": Stellt man ein Fahrzeug auf eine Steigung, dann erhöht sich der Gewichtsanteil der Hinterräder. Auf dem Gefälle wirkt sich die statische Achslastverlagerung umgekehrt aus, und beide Einflüsse addieren sich jeweils zu den dynamischen Veränderungen: Beim Anfahren am Berg sind die Hinterräder stets höher belastet als beim Stehen auf ebener Fahrbahn, beim Bremsen auf dem Gefälle dagegen verlagert sich immer ein hoher Anteil auf die Vorderräder. Auf der Waage gemessen und in den technischen Daten angegeben wird in der Regel nur die Gewichtsverteilung des waagerecht stehenden Fahrzeuges.

Aber zurück zum Uhrwerk-Rennwagen: Er drehte sich auch deswegen bei festgehaltenen Rädern so leicht nach hinten, weil sein Federmotor, anders als der originale Kompressor-Frontmotor, im elegant geschwungenen Heck eingebaut war. Wäre es nicht der Mercedes-Silberpfeil, sondern sein Konkurrent von der Auto Union gewesen, dann hätte dies sogar dem Original entsprochen, denn dessen Motor befand sich tatsächlich vor der Hinterachse, die dadurch schon bei stehendem Wagen stärker belastet war als die Vorderachse. Das war erwünscht, denn so ließ sich beim Beschleunigen die enorme Kraft noch besser auf den Boden bringen.

Heute ist darum der Motor bei allen Rennwagen vor der Hinterachse eingebaut. Damals allerdings hatten es Rudolf Caracciola und Hermann Lang im Frontmotor-Mercedes leichter als Bernd Rosemeyer und Hans Stuck im „Heckmotor"-Auto Union, der dazu neigte, in den Kurven hinten auszubrechen. Das ist bei den heutigen Rennwagen nicht mehr der Fall – Alain Prost und Ayrton Senna im „Monoposto" (die Formel-Rennwagen sind Einsitzer) oder Stucks ebenso schneller Sohn Hans-Joachim im reglementsgemäß zweisitzigen Rennwagen der Gruppe C können mit leichter beherrschbaren, eher „untersteuernden" Fahreigenschaften rechnen. Bei der Motoranordnung vor der Hinterachse spricht man nunmehr vom „Mittelmotor", als Heckmotor werden nur Motoren bezeichnet, die über oder hinter der Hinterachse eingebaut sind.

Mit dem größeren Gewichtsanteil auf der Hinterachse nähern sich die heutigen Rennwagen den „Dragstern" an – jenen superstarken Ungeheuern aus USA, deren einziger Daseinszweck die möglichst große Beschleunigung auf einem kurzen Geradeausstück von einer viertel oder einer halben Meile ist. Die Dragster haben auf den Hinterrädern gewaltig breite Reifenwalzen, vorn dagegen nur schmale Rädchen von Fahrradgröße, die an einem überlangen, dünnen Fahrzeugkörper befestigt sind. Sie können aufgrund des langen Auslegers gerade soviel Seitenkraft übertragen, wie zum Lenken des Geradeaus-Ungetüms nötig ist.

Der Dragster gedieh gerade durch seine Einseitigkeit zur konsequentesten Form des hinterradgetriebenen Fahrzeuges: Schon im Stand ruht der größte Gewichtsanteil auf den Antriebsrädern, durch die starke Beschleunigung verlagert sich nahezu das gesamte Gewicht nach hinten – der Dragster würde dabei, wie mein Uhrwerk-Mercedes mit festgehaltenen Rädern, nach hinten umschlagen, wenn nicht die Länge des vorderen Auslegers gerade so berechnet wäre, daß die Vorderräder auf der Straße bleiben. Bis auf wenige Prozentchen haben wir es beim Dragster also mit einer Art Einachs-Allradantrieb zu tun. Entsprechend wäre das aufsteigende Rennmotorrad sogar ein „Einrad-Allrad".

Da der Dragster nur geradeaus fährt, braucht er nicht jenen Drehzahlausgleich an den Antriebsrädern, mit dem sonst fast alle Autos aus-

„Einachs-Allrad": Beim Dragster liegt fast das gesamte Fahrzeuggewicht auf der Hinterachse, um maximale Beschleunigung zu erreichen. Bei zu kurzem Vorderwagen führt dies zum „Hochsteigen".

"Single-axle all-wheel drive:" almost all the weight of a dragster rests on its rear axle, to achieve maximum acceleration. If the front of the car is too short it will "lift."

in a car, on the other hand, weight distribution to front and rear axles remains virtually identical. Apart from the dynamic axle load shift, due to movement, there is also "static axle load shift." Position the vehicle on an upgrade and the proportion of weight on the rear wheels will rise. On a downgrade static axle load shift works the other way and both influences are added to the dynamic shift in every case. Starting on a mountain the rear wheels will always be more-heavily loaded than when standing on a level road. Brake on a downgrade, on the other hand, and a higher proportion will always move forward, over the front wheels. As a rule, only weight distribution of a vehicle on the level is measured on a scale and listed in the technical data.

Back to the clockwork race car, however. It also flipped backwards so easily with the wheels held firmly because its spring motor, unlike the original supercharged engine in the nose, was built into the elegantly designed tail. If it hadn't been the Mercedes Silver Arrow but rather its competitor, an Auto Union, this would have been true to the original, since the latter's engine did indeed sit ahead of the rear axle, which was thus more heavily loaded with the car at rest than the front axle. This was intentional, since the enormous power could be put on the road better that way, during acceleration.

That is why the engines of all race cars today are mounted ahead of the rear axle. In those days, however, Rudolf Caracciola and Hermann Lang in the front-engined Mercedes had an easier time of it than Bernd Rosemeyer and Hans Stuck in the "rear-engined" Auto Unions, which tended to break away at the tail in a corner. This is no longer true of modern race cars – Alain Prost and Ayrton Senna in their monopostos (formula cars are single seaters) or Stuck's equally-rapid son Hans-Joachim in a Group C car, where regulations require two seats, can count on more-easily controlled, even mildly "understeering" cars. When an engine is located ahead of the rear axle we now speak of "mid-engined," while rear-engined describes engines mounted above or behind the rear axle.

With most of their weight on the rear axle, today's race cars come close to dragsters – those enormously-powerful monsters from the USA whose only reason for being is highest possible acceleration on a short straight of a quarter or half mile. Dragsters have wide, massive, road-roller tires on their rear wheels but only tiny wheels of bicycle size in front, fixed to a thin, stretched car body. Due to this long lever arm, they can transmit just enough lateral force to permit the straight-line monster to be steered.

Because of its single purpose the dragster developed into the most consequent of rear-wheel-drive vehicles. Even at rest, a major portion of its weight rests on the drive wheels.

Der vor der Hinterachse angeordnete „Mittelmotor“ hat bei den Rennwagen den Frontmotor abgelöst. Oben Hans-Joachim Stuck im Porsche 962 Gruppe C, unten Alain Prost im McLaren-Porsche Formel 1.

The “mid-mounted engine” ahead of the rear axle has replaced front engines for race cars. Above: Hans-Joachim Stuck in the Group C Porsche 962. Below: Alain Prost in the McLaren-Porsche Formula 1 winner.

gerüstet sind. Er ist beim Straßenfahrzeug unentbehrlich: Wenn wir – zum Beispiel – mit voll eingeschlagener Lenkung in eine Parklücke fahren, haben die inneren Räder nur kurze, enge Bögen zu beschreiben und machen dabei weniger Umdrehungen als die äußeren Räder, die eine größere Strecke in weitem Bogen zurücklegen müssen. Bei nicht angetriebenen, einzeln gelagerten Rädern spielt das keine Rolle. Die Achswelle dagegen, wäre sie eine starre Verbindung der beiden Räder, würde dabei so stark in sich verdreht, daß irgendetwas brechen müßte. Darum gibt es in jedem Auto jenes Gebilde aus verschiedenartigen Zahnrädern, das Differential- oder auch Ausgleichgetriebe heißt.

Als ich meinen Uhrwerk-Mercedes auf maximale Beschleunigung brachte, wußte ich noch nichts von der Notwendigkeit eines Differentials. Er hatte auch keines – seine Hinterachse war ein durchgehendes Stück Rundstahl, nicht dicker als ein kleiner Nagel, auf dessen plattgequetschte Enden die Räder „aufgeschrumpft“ waren. Das reichte für meine Beschleunigungsversuche oder weite Bögen, die man mit den lenkbaren Vorderrädern einstellen konnte, völlig aus. Versuchte ich es mit engen Kurvenradien, dann schob er allerdings kräftig über die Vorderräder nach außen. Er fuhr wie ein Dragster am besten geradeaus.

Auch Dragster haben einen „starren Durchtrieb“ ohne Differential – die meisten heutigen Rennwagen übrigens auch. Denn das Differential ist zum Übertragen hoher Leistung beim Anfahren und Beschleunigen alles andere als

Der von Porsche entwickelte Auto Union Grand Prix-Wagen (1934 bis 1938) war der erste erfolgreiche Rennwagen mit Mittelmotor (hier mit H.-J. Stuck im Münchener Deutschen Museum). Unten: „Einrad-Allrad“: „Wheelie“ beim Rennmotorrad.

The Auto Union Grand Prix car developed by Porsche (1934 to 1938) was the first successful race car with mid-mounted engine (shown with H.-J. Stuck in the Deutsches Museum, Munich). Below: "single-all-wheel drive:" wheelie by a racing motorcycle.

With strong acceleration virtually all of its weight shifts to the rear. The dragster, just like my clockwork Mercedes with its wheels held, would try to flip over backwards if the length of that front arm was not calculated precisely to keep its front wheels down. A minimal percentage apart, the dragster represents a kind of single-axle, all-wheel-drive car. In the same sense, a nose-lifting race motorcycle is even a "one-wheel-all-wheel" machine.

Since the dragster only moves straight ahead it doesn't need that rev-equalization to the drive wheels which is fitted to virtually all automobiles. This is essential for road cars. If we drive into a parking slot – for instance – with wheels on full lock, the inside wheels follow a short, tight radius and thus make fewer turns than outside wheels which must cover a longer distance over a greater radius. This doesn't matter with undriven, individually-mounted wheels. An axle shaft, on the other hand, if it were a rigid connection between both wheels, would be so strongly twisted that something would break. This is why every automobile has a set of various cogwheels called the differential.

When I coaxed my clockwork Mercedes to maximum acceleration I didn't know anything about the necessity for a differential. It didn't have one anyway. Its rear axle was a piece of round steel no thicker than a small nail, with the wheels "shrunk onto" its flattened ends. That was enough for my acceleration tests or large curves which one could achieve by adjusting the movable front wheels. If I tried a tight curve radius, however, it would push outwards strongly over its front wheels. Like a dragster, it did best straight ahead.

Dragsters also have "solid drive" without differential – as do most modern race cars, incidentally. The differential is anything but ideal for transmitting high power when starting and accelerating, since it has a poor characteristic: when one of the two driven wheels of an axle fails to find good road contact and spins, the other can no longer transmit power. For this reason they make sure in sports and race cars that the equalizing effect of a differential, if one is even installed, is braked or locked at a given difference in rotational speed. Incidentally, Porsche used this for the first time in the Auto Union race car. This car, later so famous, was one of the first contracts received by the Porsche Design Offices, founded during 1931 in Stuttgart.

The fact that my clockwork race car only fishtailed slightly when starting, despite its narrow tires, was due in no small part to solid drive. That prevented one rear wheel spinning so that lateral control would be reduced and the car permitted to break away to one side. Today automobile technology has other possibilities, besides solid drive, differential locks or differential brakes, to prevent slip of a single wheel under the influence of tractive force. All these devices operate laterally on the drive axle in two-wheel-drive cars – they are "transverse lockups" rather than the additional "longitudinal" lockup.

geeignet, weil es eine schlechte Eigenschaft hat: Wenn eines der beiden angetriebenen Räder einer Achse keinen guten Bodenkontakt findet und durchdreht, dann überträgt das andere keine Kraft mehr. Aus diesem Grund pflegt man bei Sport- und Rennwagen die Ausgleichwirkung des Differentials, wenn sie überhaupt eines haben, ab einer bestimmten Drehzahldifferenz zu bremsen oder zu sperren. Das wurde übrigens erstmals von Porsche beim Auto Union-Rennwagen praktiziert. Dieses später so berühmte Auto war einer der ersten Aufträge, die das 1931 gegründete Stuttgarter Konstruktionsbüro Porsche erhalten hatte.

Daß mein Uhrwerk-Rennwagen trotz schmaler Reifen beim Anfahren nur leicht schwänzelte, aber in der Richtung blieb und gut beschleunigte, war nicht zuletzt dem starren Durchtrieb zu danken. Er verhinderte das einseitige Durchdrehen eines Hinterrades, das die Seitenführung aufhebt und das Fahrzeug seitlich ausbrechen läßt. Heute kennt die Automobiltechnik außer starrem Durchtrieb, Differentialsperren oder Differentialbremsen noch andere Möglichkeiten, den Schlupf einzelner Räder unter der Wirkung der Antriebskraft zu verhindern. Alle diese Vorrichtungen wirken bei Zweiradfahrzeugen in Querrichtung auf die Antriebsachse – es sind „Quersperren" im Unterschied zu den zusätzlichen „Längssperren" der Allradantriebe.

Was sich hier am Beispiel eines schlichten, leider längst nicht mehr existierenden Kinderspielzeuges schildern ließ, gilt für jeden Hinterradantrieb. Wie ist es nun mit dem Frontantrieb? Er unterliegt den gleichen Gesetzen, aber diese wirken sich in zwei gravierenden Unterschieden aus, von denen einer als Vorteil, der andere als Nachteil einzustufen ist: Angetriebene Vorderräder wirken selbst dann, wenn sie durchdrehen, noch richtungsstabilisierend. Aber sie können umso weniger Kraft übertragen, je stärker die Beschleunigung ist.

Durchdrehende Vorderräder haben zwar ebensowenig Seitenführung wie durchdrehende Hinterräder, aber der auch beim Durchdrehen noch vorhandene Vortrieb greift vor dem Schwerpunkt des Wagens an und „zieht" diesen vorwärts. Durchdrehende Hinterräder dagegen üben ihren Rest-Vortrieb „schiebend" aus. Das ergibt eine ungleichmäßige Schubwirkung und einen labilen Fahrzustand, der sehr leicht zum Querstellen des Wagens oder gar zu einer 180-Grad-Drehung führen kann. Das Gleiche gilt übrigens auch beim Bremsen: Blockierende Hinterräder lassen das Fahrzeug seitlich ausbrechen, blockierende Vorderräder lassen es geradeaus weiterrutschen. Deshalb müssen laut Bauvorschrift die Vorderräder immer vor den Hinterrädern blockieren. Das Beste ist natürlich, wenn die Räder beim Bremsen überhaupt nicht blockieren – das ist mit ABS erreichbar. Schlupf an den Hinterrädern, ob durch Bremsen oder Beschleunigen, ist jedenfalls immer kritischer als Schlupf an den Vorderrädern. In diesem Punkt ist der Frontantrieb also klar im Vorteil vor dem Hinterradantrieb.

Anders ist es mit der Übertragung der Vortriebskraft. Je größer sie wird, umso mehr wird auch bei Frontantrieb die Vorderachse entlastet und die Hinterachse belastet. Die Räder drehen durch und beschleunigen dadurch das Fahrzeug nur noch schwach. An der antriebslosen Hinterachse bringt die dynamische Gewichtsverlagerung keinen Nutzen – die mögliche Beschleunigung hat bei Frontantrieb enge Grenzen. Ein Dragster mit Frontantrieb wäre sinnlos, und auch bei Rennwagen hat diese Antriebsart keine Chancen.

Beim Straßenfahrzeug dagegen reicht der mit Frontantrieb übertragbare Vortrieb normalerweise aus. Denn nur die Beschleunigung vermindert die Vorderachslast, beim sanften Anfahren dagegen ist zunächst einmal die statische Gewichtsverteilung für die übertragbare Kraft maßgeblich. Sie sieht bei Frontantriebswagen meist günstig aus, weil das Motorgewicht auf den Antriebsrädern ruht. Erst bei einem stark beladenen Kofferraum, der das Fahrzeug „hecklastig" macht, kann es mit Frontantrieb Anfahrschwierigkeiten geben – besonders am Berg, wo sich zusätzlich noch Gewicht nach hinten verlagert.

Werbung mit Weltrekorden: Unter berühmten Fahrern wie Bernd Rosemeyer und Hans Stuck (Vater) trug der Auto Union-Rennwagen dazu bei, die vier Ringe des neugegründeten Konzerns in wenigen Jahren unter den großen Automobilmarken zu etablieren.

Advertising through world records: driven by famous names like Bernd Rosemeyer and Hans Stuck (father), Auto Union race cars helped the four rings of the newly-founded firm to obtain a place among major automobile firms within a few years.

What the example of my simple child's toy, sadly no longer in existence, demonstrated applies to all rear-wheel drive. But what about front-wheel drive? It is subject to the same laws of physics but these apply with two grave differences, of which one is an advantage, the other a disadvantage: driven front wheels still affect straight-line stability, even when they spin. But the stronger the accelerative force, the less power they transmit.

Spinning front wheels do have just as little lateral control as spinning rear wheels but forward thrust remains available even if a wheel is spinning, to grip ahead of the cars center of gravity and "pull" it forwards. Spinning rear wheels, on the other hand, apply their remaining forward thrust by "pushing." That promotes unequal propulsion and instable vehicle condition which very easily leads to the car going sideways or even turning a full 180 degrees. The same is true, incidentally, for braking: locked rear wheels allow the car to break out sideways, locked front wheels allow it to slide straight on. This is why construction regulations require that the front wheels lock before the rears. It is best, of course, when the wheels don't lock at all under braking – achievable with ABS. Slip at the rear wheels, whether due to braking or acceleration, is always more critical than slip at the front wheels. On this point there is a clear advantage for front-wheel drive over rear-wheel drive.

The reverse is true in transmitting propulsive force. The more it grows, the more the front axle is unloaded and the rear axle loaded, even with front-wheel drive. The wheels spin and accelerate a car poorly. Dynamic weight shift does no good over the drive-less rear axle – possible acceleration is very limited with front-wheel drive. A dragster with front-wheel drive would be senseless, and this type of drive is of no use in race cars either.

For road cars, on the other hand, the forward thrust to be transmitted normally works fine with front-wheel drive. Front-axle loading is only reduced under acceleration. When starting gently static weight distribution is initially determinant for transmittable power. This is usually good for front-drive cars because engine weight rests on the driven wheels. Only a fully-loaded trunk, which makes the automobile tail-heavy, can cause starting difficulties with front-wheel drive – particularly on hills where additional weight transfer to the rear occurs.

Thus front-wheel drive is not an ideal solution but it can work with less-powerful, small or middle-size passenger cars. Prerequisite for this were constant-velocity joints to drive steered wheels, invented and brought to production standard as Rzeppa or Tracta joints, to benefit drivers in the twenties. Since then, front-drive cars have have been light and jolt-free to steer. These joints, like well-functioning front-wheel drive as such, have proven the vital prequisites for all-wheel drive in road-going passenger cars.

So ist der Frontantrieb zwar keine Ideallösung, aber er konnte sich bei den nicht allzu stark motorisierten kleinen und mittelgroßen Personenwagen durchsetzen. Voraussetzung dafür waren die Gleichlaufgelenke für den Antrieb der gelenkten Räder, die zum Glück der Kraftfahrer in den 20er Jahren als Rzeppa- oder Tracta-Gelenke praxisreif erfunden wurden. Seitdem lassen sich Frontantriebswagen leicht und stoßfrei lenken. Diese Gelenke erwiesen sich, wie das gute Funktionieren des Frontantriebs überhaupt, als wesentliche Voraussetzung für den Allradantrieb von Straßen-Personenwagen.

Die Grenzen des Goliath

Jeder hat seine Schlüsselerlebnisse mit Autos. Eines davon, betreffend den Hinterradantrieb mit starken Uhrwerkmotoren, habe ich schon berichtet. Das zweite brachte mir ein blaues Goliath-Lieferdreirad, mit dem ich Autofahren lernte. Von anderen Fahrzeugen dieser Art unterschied es sich vorteilhaft durch einen soliden Hinterachsantrieb mit Kardanwelle und Differential. Der luftgekühlte Zweizylinder-Zweitakt-Boxermotor lag unter der Sitzbank, war also sozusagen ein Mittelmotor. Andere Dreiräder konnten mit solch perfekter Technik nicht aufwarten – dem vorderradgetriebenen „Tempo"-Dreirad zum Beispiel fühlte ich mich mit Recht überlegen, denn mein Goliath war auch noch auf schwierigen Bergwegen fahrtüchtig, wo man sich mit dem schlichten Einradantrieb des „Tempo" nicht hintrauen konnte.

Einradantrieb hatte übrigens auch meines Großonkels einstiger Hanomag-Kleinwagen, den ich nicht im Original kannte, sondern nur durch eine Abbildung, die mit buntem Garn auf meine Kinderserviette gestickt war. Erst später lernte ich, daß die Erbauer dieses als „Kommißbrot" bekanntgewordenen Fahrzeuges sich den Aufwand eines Differentialgetriebes erspart hatten, indem sie sich mit Kettenantrieb eines Hinterrades begnügten. Das setzte der Fahrtüchtigkeit natürlich Grenzen.

Die Grenzen des Goliath lernte ich kennen, als ich einmal mit dem rechten Hinterrad in ein kleines Schneeloch geriet. Das rechte Hinterrad drehte durch, das linke blieb einfach stehen – mein Goliath kam nicht mehr vorwärts. Das war mein Schlüsselerlebnis zum Thema Differential. Aus einem alten Exemplar von „Königs Kraftfahrlehre" ersah ich, warum das so sein mußte. In der Autowerkstatt des Vaters meines Freundes durfte ich dann am Hinterrad eines aufgebockten Opel Vorkriegs-Kadett drehen. Es ging ganz leicht – und das andere Hinterrad drehte sich dabei in der entgegengesetzten Richtung.

So ist es noch heute bei jedem Differential-Achsantrieb. Die Gegenbewegung entsteht beim aufgebockten Wagen, wenn der Motor abgestellt und das Getriebe auf Leerlauf geschaltet ist. Die Zahnräder im Achsantrieb lassen unterschiedliche Drehzahlen an beiden Rädern einer Achse zu – sonst könnte man keine Kurven fahren. Das Ausgleichsgetriebe verhindert aber auch die Verbindung beider Räder. Die Grenzen meiner längst verschrotteten Goliath-Hinterachse sind nach wie vor die Grenzen jedes ungesperrten Differentials.

Das Durchdrehen eines Rades hängt mit der Vortriebskraft zusammen, die der Reifen auf die Fahrbahn übertragen kann. Sie war in jenem Schneeloch nur gering, zumal der Goliath gerade unbeladen war – in beladenem Zustand hatte dieses Dreirad eine prozentual sehr hohe Gewichtsbelastung der Antriebsachse. So lernte ich nebenbei, daß die übertragbare Leistung in großem Maß auch von der Gewichtsverteilung abhängig ist. Es leuchtete mir auch der Erfahrungssatz eines Kadett-Fahrers sofort ein: „Im Winter lege ich immer einen Sandsack in den Kofferraum." Noch heute spielt der Sandsack eine Rolle im Auto-Winter-Alltag. Der Opel Kadett allerdings hat jetzt Frontantrieb.

Auf den Goliath folgte mein erstes eigenes Auto, ein gebrauchter Volkswagen Käfer, Baujahr 1950. Auch er wurde zum Schlüsselerlebnis, denn auf vielen tausend Kilometern bewies er mir den Segen einer Antriebsachs-Belastung von über 50 Prozent. Mit ihm fuhr ich meine erste Rallye – auf Sand- und Waldwegen in der Lüneburger Heide. Es war meine erste persönliche Begegnung mit einer Porsche-Konstruktion. Zwar hatte ich schon bald nach Kriegsende die grünen VW-Käfer gesehen, die unter britischer Oberleitung in Wolfsburg gebaut und von britischen Soldaten mit Begeisterung gefahren wurden, und ich kannte auch die gelben Kastenwagen, die das Volkswagenwerk für die Post baute.

„Schlüsselerlebnis": der Goliath Dreirad-Lieferwagen (hier die wassergekühlte Nachkriegs-Version). Beim beladenen Nutzfahrzeug ergibt Hinterachsantrieb günstige Traktions-Voraussetzungen.

"Key experience:" the three-wheel Goliath delivery car (here the water-cooled, postwar version). Rear-axle drive provides favorable traction conditions with laden commercial vehicles.

The limits of a Goliath

Everybody has had key experiences with an automobile. I have already discussed one of them, respecting rear-wheel drive with a powerful, clockwork motor. The second came from a blue, three-wheel Goliath delivery truck on which I learned to drive. It had the advantage over other vehicles of its type of a solid, driven rear axle with cardan shaft and differential. The air-cooled, two-cylinder, two-stroke, boxer engine lay under the bench seat as a mid-mounted engine, if you will. Other three-wheelers couldn't offer such sophisticated technology – the front-wheel-drive Tempo, for instance, made me feel quite superior because my Goliath could also make its way over difficult grades where you wouldn't dare take a Tempo with its simple, one-wheel drive.

As a matter of fact, my great uncle's little Hanomag also had one-wheel drive although I never knew it in the original, only through a picture embroidered on my child's napkin in colored yarn. Only later did I learn that the builders of that car, famous in Germany as the "Kommissbrot" or rounded loaf, had saved themselves the outlay for a differential transmission by settling on chain drive to one rear wheel. That naturally placed limits on its driving abilities.

I learned the limits of the Goliath when I dropped its right rear wheel into a small hole in the snow on one occasion. The right rear wheel spun, the left simply stood still – my Goliath refused to move forwards. That was my key experience in the matter of differentials. Reading an old copy of "Königs Kraftfahrlehre" I discovered why this had to be so. And then I had the chance to turn the rear wheel of a prewar Opel Kadett on jacks on another occasion, in the automobile shop of my friend's father. It was very easy – and the other rear wheel turned in the opposite direction.

The same is true today of any differential axle drive. Opposite rotation occurs with the car on jacks, the engine off and the gearbox in neutral. Cogwheels in the axle transmission permit differing revolutions for the two wheels of an axle – otherwise you couldn't go around a corner. This differential, however, also prevents rigid connection between the two wheels. The limits of my long-since-junked Goliath rear axle remain, as always, the limits of any unlocked differential.

Spinning a wheel is dependent on propulsive force which a tire can transmit to the road surface. That was minimal in the snow hole, since the Goliath happened to be unloaded. This three-wheeler had a very high percent of its weight over the drive axle. Thus I learned as well that transmittable power also depends in large measure on weight distribution.

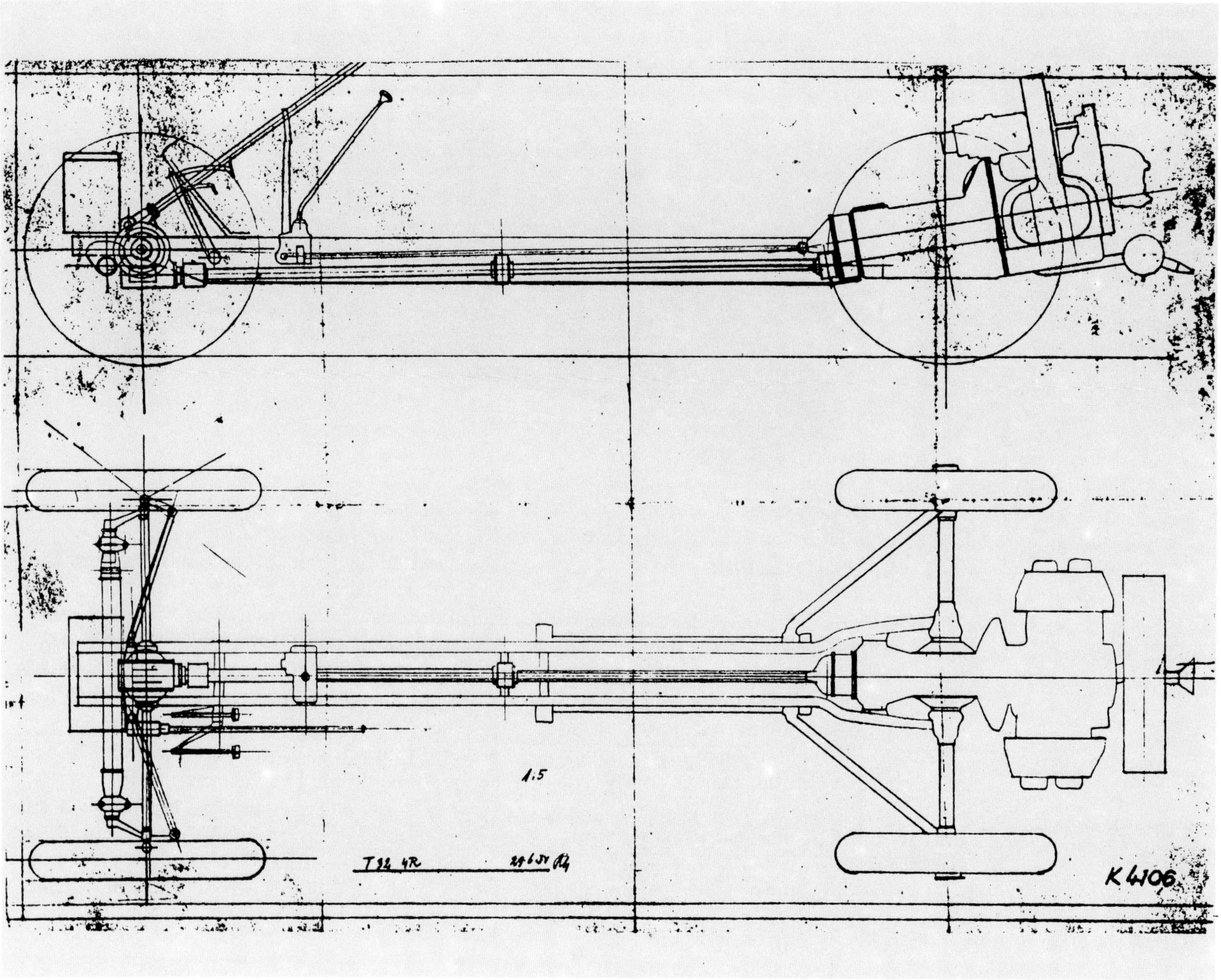

Käfer und Allrad-Käfer

Mein Käfer aber war ein Exportmodell, wie man es erst zu Beginn der 50er Jahre kaufen konnte – anderthalb Jahrzehnte nach dem Beginn der Volkswagen-Geschichte. Als Ferdinand Porsche, nach seiner Direktoren-Tätigkeit bei Austro-Daimler in Wiener Neustadt und bei Daimler-Benz in Stuttgart, im eigenen Stuttgarter Büro mit seinen Volkwagen-Entwicklungen begann (zunächst für die Auftraggeber Zündapp und NSU), entschied er sich für die unkonventionelle Heckmotor-Bauweise. Zwar gab es Vorbilder für diese Bauweise – Porsche hat sie nicht erfunden. Aber durch ihn kam sie – wenn auch erst nach dem Ende des tausendjährigen Reiches, für dessen Volksgenossen der VW bestimmt war – millionenfach unter die Leute. Kein stolzer Kühler am Bug, keine attraktive Motorhaube – das war tatsächlich unkonventionell. Die Käfer-Form ergab sich aus der Motoranordnung in Verbindung mit der damals üblichen Stromlinie.

Für Porsche begann mit dem Käfer auch eine neue Ära des Allradantriebes. Von 1934 datiert eine Zeichnung des Chefkonstrukteurs Karl Rabe, in der vom Heckmotor des NSU-Volkswagens eine Antriebswelle zu einem Vorderachsdifferential geführt wird. Dieser Heckmotor-Allradantrieb wurde zum Vorbild nicht nur aller geländetauglichen Käfer-Versionen, er stimmt im Grundkonzept auch mit den heutigen Porsche-Allradfahrzeugen 959 und Carrera 4 überein.

Der Heckmotor-Allrad-Entwurf „T32 4R“ von Porsche-Oberingenieur Karl Rabe aus dem Jahr 1934 entspricht im Grundkonzept den Porsche 959 und Carrera 4.

Rear-engine, all-wheel-drive design. "T32 4R" by Porsche Chief Engineer Karl Rabe from 1934 foreshadowed the basic concept of the Porsche 959 and Carrera 4.

Ferdinand Porsche im Jahr 1934.
Unten: Der von Porsche für NSU entwickelte Volkswagen Typ 32 vor dem Haus Kronenstraße 24 in Stuttgart, dem ersten Sitz des 1931 gegründeten Konstruktionsbüros Porsche.

Ferdinand Porsche in 1934. Below: type 32 Volkswagen, developed by Porsche for NSU, before the house in Kronenstrasse 24, Stuttgart, first home of the Porsche Design Office, founded in 1931.

That Goliath was followed by my own first car, a used Volkswagen Beetle built in 1950. It proved a key experience as well since it convinced me, over many thousand kilometers, of the value of drive-axle loading of more than 50 percent. I drove my first rallye with it – over sand and forest tracks in the Lüneburg Heath. It was my first personal involvement with a Porsche design – although shortly after the war ended I had seen the green VW Beetles built in Wolfsburg under British control and driven by British soldiers with such enthusiasm, and I also knew those yellow vans which the Volkswagen factory built for the German post office.

Beetle and all-wheel-drive Beetle

My Beetle, however, was an Export model, the kind you could only buy in the early fifties – a decade and a half after the Volkswagen story opened. When Ferdinand Porsche began Volkswagen development (initially under contract to Zündapp and then NSU) from his own Stuttgart offices, opened following activities as director at Austro-Daimler in Wiener Neustadt and Daimler-Benz in Stuttgart, he decided upon the unconventional rear-engine layout. It is true that there were forerunners to this design – Porsche didn't invent it. But he brought it to millions of people – although only after the "thousand-year Reich" for whose "volk" the VW had been designed, came to an end. No proud radiator in the nose, no attractive engine hood – that was truly unconventional. The Beetle shape resulted from engine location in combination with typical streamlining of the era.

For Porsche, the Beetle introduced a new era in all-wheel drive. A drawing by Chief Designer Karl Rabe, dated 1934, shows a drive shaft from the rear engine of the NSU Volkswagen to a front-axle differential. Such rear-engined all-wheel drive was the model not only for all off-road Beetle versions, its basic concept also matches that of today's all-wheel-drive Porsche cars, the 959 and Carrera 4.

Drive to the front axle was to be driver-selected in Karl Rabe's design so there was no center differential. This served the purpose of giving a driver the means to help himself out of difficult situations – snow, sand or mud – with engine power. Front and rear axle can only fulfill their drive tasks independently of each other in such conditions when there is solid connection between front and rear axles. Every all-wheel-drive version of the Volkswagen thus carried a hefty dog clutch to engage front-wheel drive.

All-wheel drive without a center differential is less favorable when it comes to cornering on a paved surface, because differing wheel revolutions front and rear preload any such solid longitudinal connection between front and rear axles. It must be released in good time by the driver. Every all-wheel-drive Beetle built for military purposes in WW II, and every Type 166 VW amphibian, had such selective front-wheel drive. This included a locking differential (transverse lockup) in the front axle since the amphibian usually reached shore with one wheel only, following a lake or river crossing. This lock also had to be disengaged for road use.

The off-road military vehicle, called a "Kübelwagen," only had rear-wheel drive from a Beetle, to be sure, yet it became famous for its traction as well. An all-wheel-drive Beetle sedan – only 667 of these were built – was reserved for officers and went into automobile history as the "Kommandeurwagen." American and British troops had all-wheel-drive sedans for their officers too – but these were heavier and not as handy. The

PIRELLI

cisitalia

Der Antrieb der Vorderachse war in Karl Rabes Entwurf zuschaltbar gedacht und besaß darum auch kein Mitteldifferential. Dies entsprach seiner Bestimmung, in schwierigen Situationen – im Schnee, im Sand, im Schlamm – dem Fahrer mit Motorkraft weiterzuhelfen. Denn nur bei starrer Verbindung können Vorder- und Hinterachse unter solchen Bedingungen unabhängig voneinander ihre Antriebsaufgabe erfüllen. So besaßen alle Allradversionen des Volkswagens eine kräftige Klauenkupplung zum Zuschalten des Vorderradantriebes.

Weniger vorteilhaft ist ein Allradantrieb ohne Mitteldifferential für das Kurvenfahren auf fester Straße, denn die unterschiedlichen Raddrehzahlen vorn und hinten verspannen eine solche in Längsrichtung starre Verbindung von Vorder- und Hinterachse. Sie muß deshalb rechtzeitig durch den Fahrer gelöst werden. Alle Allrad-Käfer, die im Zweiten Weltkrieg für militärische Zwecke gebaut wurden und alle VW-Schwimmwagen vom Typ 166 hatten diesen abschaltbaren Vorderradantrieb. Dazu gehörte ein Sperrdifferential („Quersperre") in der Vorderachse, denn die Schwimmwagen kamen nach dem Durchschwimmen eines Sees oder eines Flusses oft zuerst mit einem Rad ans Ufer. Auch diese Sperre mußte für den Straßenbetrieb abgeschaltet werden.

Der als „Kübelwagen" bekanntgewordene Militär-Geländewagen dagegen hatte nur den Heckantrieb des Käfers, aber auch er wurde für seine Traktionsleistungen berühmt. Eine Käfer-Allrad-Limousine, von der immerhin 667 Stück gebaut wurden, blieb den Offizieren vorbehalten und ging als „Kommandeurwagen" in die Automobilgeschichte ein. Solche Allradlimousinen für Offiziere gab es auch bei den amerikanischen und britischen Truppen – nur waren sie schwerer und unhandlicher. Ebenso war es mit den vielen Allrad-Fahrzeugen aus der Vorkriegszeit, die in der deutschen Wehrmacht Dienst taten. Sie waren weit stärker als der Volkswagen mit seinem kleinen Vierzylindermotor, aber der zunächst nicht ernstgenommene VW erwies sich ihnen nicht zuletzt wegen seines geringen Gewichts als überlegen – ihn konnten vier starke Männer notfalls mit Muskelkraft aus einem Sandloch herausheben.
Die schweren Humber der britischen Besatzungsoffiziere waren die ersten Allrad-Limousinen, die ich als Junge zu Gesicht bekam. Ich bestaunte ihre starren Vorderachsen mit etwas außermittig montierten großen Differentialgehäusen, die ich in ähnlicher Form schon bei den Büssing-Allradlastwagen der deutschen Wehrmacht gesehen hatte. Auch die Jeeps der Amerikaner hatten solche Vorderachsen. Viele britische und amerikanische Soldaten kannten die deutschen VW-Schwimm- und Kübelwagen und fanden sie besser als ihre eigenen Fahrzeuge. Ich dagegen bewunderte die Perfektion der US-Militärautos mit ihren starken Sechszylinder-Benzinmotoren.

Straßenbild der Vorkriegszeit: Die Stuttgarter Kronenstraße in den 30er Jahren. Rechts: Porsche kaufte damals einen Cord L-29, den ersten großen US-Wagen mit Frontantrieb. Darunter der Citroën 11 CV „traction avant". Unten das Cabrio des frontgetriebenen DKW „Meisterklasse".

Street scene before the war: Kronenstrasse, Stuttgart, in the thirties. Right: Porsche had bought a Cord L29, first large US car with front-wheel drive. Below it, the Citroën 11 CV "traction avant." Bottom, front-wheel-drive DKW "Meisterklasse" as cabrio.

Bei Geländewagen und Militär-Allradfahrzeugen findet man auch heute noch den zuschaltbaren Vorderachsantrieb ohne Mitteldifferential. Als in den 70er Jahren japanische Hersteller Kleinwagen und Geländewagen mit zuschaltbarem Allradantrieb auf den europäischen Markt brachten, war es dagegen die Hinterachse, die zusätzlich an- und abgekoppelt wurde. Und diese Wagen waren die ersten, die in den Alpenländern dem VW-Käfer als Fahrzeug der Bergbauern und Forstleute erfolgreich Konkurrenz machten. In ihrer Normalausführung mit reinem Frontantrieb konnten sie gegen den Käfer noch nicht ankommen, mit zusätzlichem Hinterradantrieb dagegen konnten sie auch entlegene Almen erklimmen – das erkannten zuerst die Japaner, und sie machten ein gutes Allradgeschäft in Europa.

Zur vorigen Doppelseite: Der Porsche Cisitalia sollte mit Allradantrieb den Beschleunigungs-Weltrekord Bernd Rosemeyers brechen.

Preceding double pages: the Porsche Cisitalia was supposed to break Bernd Rosemeyer's acceleration record, using four-wheel drive.

same is true of the many all-wheel vehicles in prewar years which served the German military. They were far more powerful than the Volkswagen, with its little, four-cylinder engine, but the VW which wasn't even taken seriously at first proved superior to them all, in large part due to its lower weight – in an emergency four strong men could haul it out of a sand hole with muscle power.

The heavy Humber of British occupation officers was the first all-wheel-drive sedan which I saw as a boy. I was amazed by its beam front axle with an enormous differential housing mounted somewhat off-center, in a form similar to that I had seen on all-wheel-drive Büssing trucks of the German army. American jeeps had such front axles too. Many British and American troops came to know the German VW amphibian and Kübel and found them better than their own vehicles. On the other hand, I admired the perfection of US military cars with their powerful, six-cylinder, gasoline engines.

Even now, you find driver-selected, front-axle drive without a center differential in off-road and military all-wheel-drive vehicles. When Japanese producers put small cars and off-road vehicles with driver-selected all-wheel drive on the European market in the seventies, it was the rear axle which could be engaged or disengaged at will. And these cars were the first which could give the VW Beetle serious competition in alpine lands as vehicles for mountain farmers and foresters. In their normal versions, with pure front-wheel drive, they couldn't match the Beetle. With rear-wheel drive added, however, they could clamber up to the high meadows – as the Japanese were first to notice. So they did a good all-wheel-drive business in Europe.

Allrad – nicht fürs Gelände?

Daß zuschaltbarer Antrieb oft als zivile oder militärische Traktionshilfe dient – dazu haben Porsches VW-Allradversionen nicht wenig beigetragen. Als sich 1945 das Konstruktionsbüro Porsche in Gmünd in Kärnten wiederfand, wohin man es aus dem bombenbedrohten Stuttgart „ausgelagert“ hatte, entstand ein ganz andersartiges Allradprojekt, das in vieler Hinsicht die Fortsetzung des Auto Union-Rennwagens und des T 80 für Daimler-Benz war: ein Renn- und Rekordwagen.

Ferry Porsche, in der Kriegszeit für das Schwimmwagenprojekt verantwortlich, nahm 1947 den Auftrag des Italieners Piero Dusio für einen neuen Rennwagen an. Vater Ferdinand Porsche war in Frankreich interniert und kehrte erst zurück, als der erste Prototyp fertig war. Er war damit ebenso zufrieden wie mit dem Sportwagen Typ 356, der in Gmünd auf Volkswagen-Basis entstand und ab 1950 in Stuttgart gebaut wurde: Das erste Auto mit dem Namen „Porsche“. Im Herbst 1950 nahm der große Konstrukteur die Glückwünsche der Porsche-Fahrer zu seinem 75. Geburtstag entgegen. Er starb im Januar 1951.

Der Formel-Rennwagen für Dusios Sportwagenmarke „Cisitalia“ wurde in den Jahren 1947 und 1948 konstruiert. Er kam nie zum Einsatz, weil dem Auftraggeber das Geld ausging. Dennoch ging der Porsche Cisitalia als fortschrittlichste Rennwagenkonstruktion seiner Zeit in die Geschichte ein – wegen seiner Mittelmotorbauweise, die erst zwei Jahrzehnte später Standard im Rennwagenbau wurde, wegen seines Zwölfzylinder-Kompressormotors, der bei 10 600 Umdrehungen pro Minute 385 PS leistete, und nicht zuletzt wegen seines Allradantriebes. Hier diente der zuschaltbare Vorderachsantrieb nicht der Geländegängigkeit, sondern der Beschleunigung. Man wußte vom Auto Union-Rennwagen, daß sich die hohe Leistung mit den schmalen Rennreifen von damals nicht auf den Boden bringen ließ. Für Bergrennen, wo oft aus engen Kurven heraus beschleunigt werden mußte, hatte man den Auto Union an der Hinterachse mit Zwillingsreifen versehen – eine Vorwegnahme der breiten Rennwalzen von heute. Der Cisitalia sollte den Weltrekord für den Kilometer mit stehendem Start unterbieten. Das war nach den angestellten Berechnungen nur mit Allradantrieb möglich.

Ferdinand Porsche im Jahr 1950.

Ferdinand Porsche in 1950.

Es blieb bei diesem Plan – und beim Prototyp des Cisitalia, der im Porsche-Museum als Denkwürdigkeit zu betrachten ist. Das nächste Porsche-Allradfahrzeug war wieder ein Geländewagen: der „Jagdwagen“ von 1955. Mit dem Motor und der Fahrwerksbasis des Porsche 356 wurde er für den deutschen Bundesgrenzschutz konzipiert, jedoch nur als Zivilversion gebaut. Den Beschaffungsbehörden war er zu teuer – tatsächlich war er in Konstruktion und Qualität einer der besten Geländewagen, die je gebaut wurden. Weitere Allradentwicklungen begannen bei Porsche erst in den 70er Jahren – unter neuen Vorzeichen.

Die ersten Volkswagen wurden 1936 in der Stuttgarter Porsche-Villa von Hand zusammengebaut. Darunter: Fahrgestell des Auto Union-Rennwagens. Hans Stuck fuhr mit Zwillingsreifen auf der Hinterachse. Unten: Der allradgetriebene VW-Schwimmwagen und der heckgetriebene „Kübelwagen“.

The first Volkswagens were assembled by hand during 1936, at the Porsche villa in Stuttgart. Below: chassis of the Auto Union race car. Hans Stuck ran with twin wheels on the rear axle. Bottom: all-wheel-drive VW amphibian and rear-drive “Kübelwagen.”

Porsche Typ 360 „Cisitalia" 1948: Der wassergekühlte Zwölfzylinder-Boxermotor liegt vor der Hinterachse, die Welle des zuschaltbaren Vorderradantriebes verläuft unter dem Fahrersitz. Unten: Vorn am Cisitalia steht der berühmte italienische Rennfahrer Tazio Nuvolari.

Porsche Type 360 Cisitalia, 1948. Its water-cooled, twelve-cylinder boxer engine is located ahead of the rear axle, shafts to optional front-wheel drive run beneath the driver's seat. Below: famous Italian race driver Tazio Nuvolari stands in front of the Cisitalia.

Ferdinand Porsche und Ferry Porsche 1950 in Zuffenhausen.

Ferdinand Porsche and Ferry Porsche, 1950 in Zuffenhausen.

All-wheel drive – not for off-road use?

Porsche's all-wheel-drive VW models from WW II played no small role in proving that driver-selected drive could be an off-road and winter traction aid, in war or peace. When the guns fell silent in 1945, however, and the Porsche Design Office found itself in Gmünd, Carinthia, where it had been relocated from bomb-endangered Stuttgart, a completely different all-wheel-drive project developed, an extension of the Auto Union race car and T 80 for Daimler-Benz in many ways: a new race and record car.

Ferry Porsche, responsible during the war for the amphibian project, accepted a contract for a new race car in 1947 from Italian Piero Dusio. Father Ferdinand Porsche was interned in France, only returning after the first prototype was finished. He was just as satisfied with it as with the Type 356 sports car, conceived in Gmünd on the basis of a Volkswagen and built in Stuttgart as of 1950. It was the first automobile to carry the name, "Porsche." In the autumn of 1950 the great designer received congratulations from Porsche drivers on the occasion of his 75th birthday. He died in January 1951.

The formula racer for Dusio's Cisitalia sports car marque was designed during 1947 and 1948. It was never raced because its backer ran out of money. Even so, this Porsche Cisitalia entered history as the most advanced race car design of its era – due to a mid-engine layout which only became the standard for race cars two decades later, its impressive, twelve-cylinder, supercharged engine which produced 385 HP at 10,600 RPM and, last but not least, its all-wheel drive. Here too, it was driver-selected front-axle drive. In this case it didn't serve off-road use but acceleration. They knew, from experience with the Auto Union race cars, that you couldn't put down such high performance with the narrow racing tires of that day. For hillclimbs, where they often had to accelerate out of tight corners, Auto Union fitted twin rear tires to the rear axle, anticipating the wide racing tires used today. This Cisitalia was supposed to capture the world record for a standing-start kilometer on the level, held by Auto Union driver Bernd Rosemeyer. Calculations made in Gmünd indicated that would only be possible with all-wheel drive.

They got no further than this plan – and a prototype of the thought-provoking Cisitalia which can be seen today in the Porsche Museum, Zuffenhausen. The next all-wheel-drive Porsche was again an off-road machine, the "Jagdwagen" of 1955. Built around the engine and chassis of Porsche's 356, it was conceived for the German border patrol, although only civilian versions were ever built. It was too expensive for purchasing authorities – yet it was one of the best off-road cars ever built for design and quality. Therefore Porsche had no immediate reason to pursue further all-wheel-drive developments. Those only began in the 70s – under new auspices.

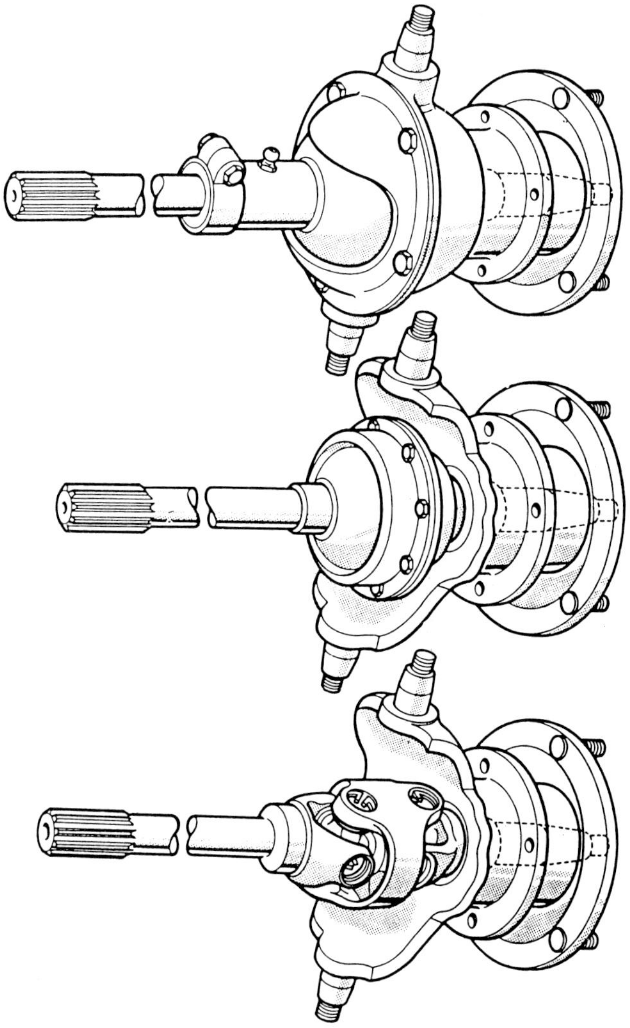

Rechts außen: Voraussetzung für den Front- und Allradantrieb von Personenwagen und Sportfahrzeugen sind die Ende der 20er Jahre entwickelten „Gleichlauf-Gelenke" für den Antrieb gelenkter Vorderräder.

Right outside: prerequisite for front- and all-wheel drive of passenger and sports cars were the "constant-velocity" joints to drive steered front wheels, developed at the end of the 20s.

Umdenken von hinten nach vorn

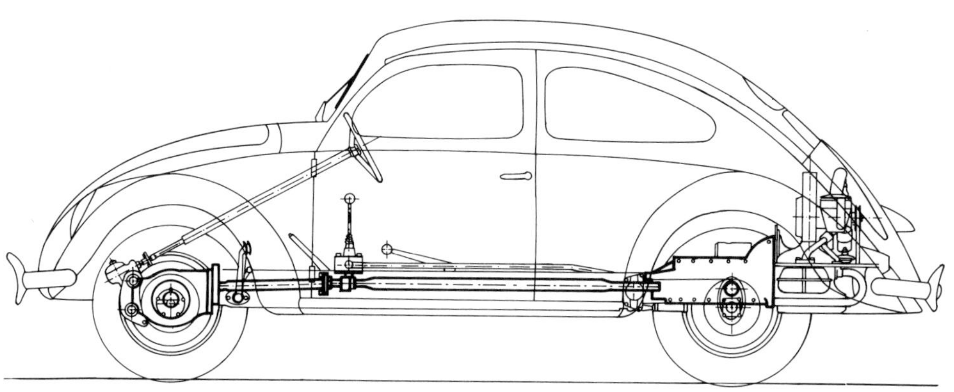

Neben dem Goliath lernte ich an einem einst eleganten, inzwischen jedoch altersschwachen DKW-Vorkriegs-Cabriolet mit gelben Speichenrädern die Vorzüge des Frontantriebs kennen. „Die Vorderräder ziehen den Wagen, und dadurch bleibt er immer in der Spur", erklärte mir ein DKW-Fan im Jahr 1949. Erst viel später fand diese Auffassung allgemeine Anerkennung.

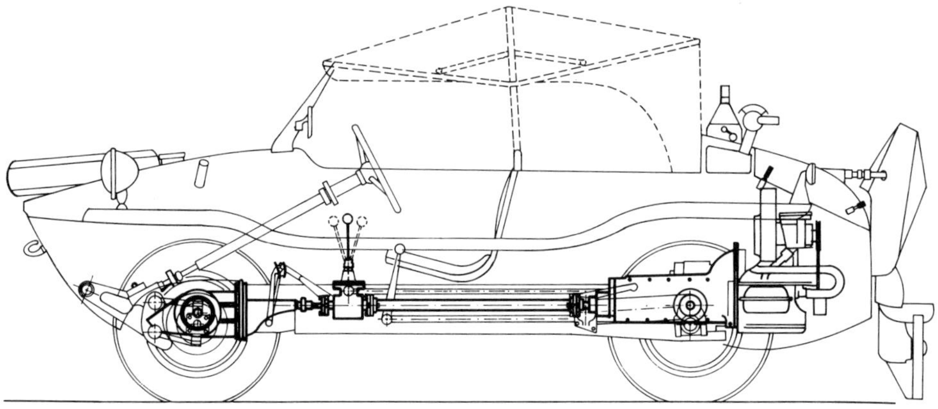

Das Umdenken im Automobilantrieb bahnte sich in den 60er Jahren an: Der Frontantrieb beendete seinen Dornröschenschlaf. Nicht nur Citroën, die Traditionsfirma der „Traction avant", auch das Staatsunternehmen Renault brachte es in Frankreich auf Stückzahl-Erfolge mit kleinen und mittleren Frontantriebs-Personenwagen. Der britische Mini und der schwedische Saab verblüfften mit Erfolgen bei der Rallye Monte Carlo, in Deutschland setzte Audi mit Viertaktmotoren die Tradition der DKW-Zweitakt-Fronttriebler fort, und selbst Ford brachte zur weltweiten Überraschung einen „Taunus 12 M" als Frontantriebswagen heraus. Es folgten italienische und japanische Hersteller – der bis dahin als „Standardantrieb" geltende Hinterradantrieb mit Frontmotor und Kardanwelle verlor zusehends an Boden.

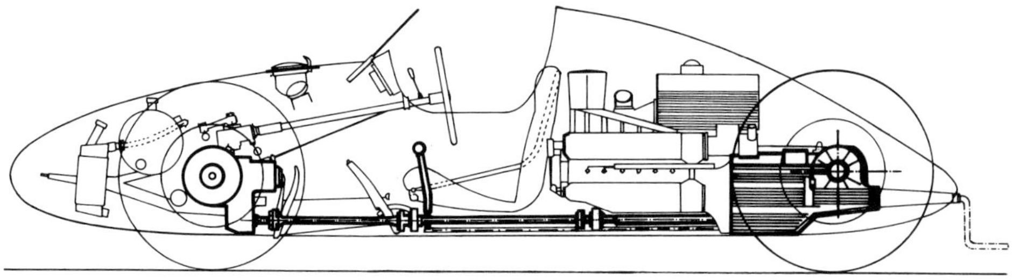

Es war nicht nur der Antrieb der meisten europäischen Autos konventioneller Bauart, der hier an seine Grenzen stieß – auch die „Großen Drei" von Detroit, damals weltgrößte Autohersteller, sahen sich in ihrem Erfolgsrezept verunsichert. Erstmals seit den Zeiten der urtümlichen Cord gab es wieder große US-Limousinen mit Frontantrieb, die allerdings den Erfolg ihrer kleineren europäischen Vorbilder nicht erreichten.

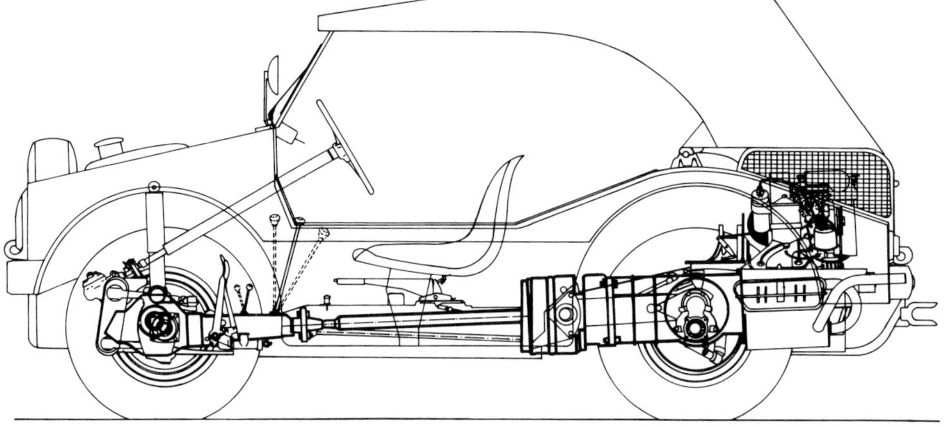

Zu dieser Zeit testete ich Autos bei „auto motor und sport" in Stuttgart. Wir bewunderten den Mini des Sir Alec Issigonis und den praktischen Renault 4, wir respektierten auch den exzentrischen Citroën DS 19. Aber wir waren zu sehr Sportwagenfans, um in jedem Frontantriebs-Auto eine Manifestation des Fortschritts zu sehen. Wir erkannten die Fahrsicherheit an, die sie dem Alltags-Automobilisten boten, das unproblematische Fahren im Winter – aber wir vermißten die Möglichkeiten des hinterradgetriebenen Fahrzeuges beim

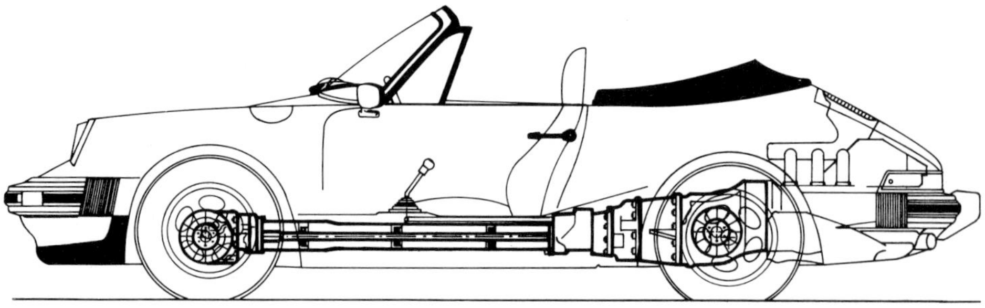

Porsche Allrad-Konzepte: Aus dem ersten Allradentwurf von 1934 entstand der Allrad-Volkswagen Typ 87 (1940) mit zuschaltbaren Frontantrieb. Der Schwimmwagen Typ 166 (1941) hatte ein vorderes Sperrdifferential. Beim Porsche Cisitalia Typ 360 (1947) führt die Vorderachs-Antriebswelle vom Mittelmotor unter dem Fahrersitz nach vorn. Der „Jagdwagen" Typ 597 (1955) basierte auf Fahrwerk und Motor des Porsche 356. Aus der 911 Turbo „Cabrio-Studie" mit permanentem Allradantrieb (1981) entstanden der Porsche 959 und der Carrera 4.

Porsche all-wheel-drive concepts. The all-wheel-drive Volkswagen Type 87 with optional front-wheel drive (1940) evolved from the first all-wheel-drive design of 1934. The Type 166 amphibian (1941) had a limited-slip differential in front. In the Type 360 Porsche Cisitalia (1947), the front-axle drive shaft from its mid-mounted engine ran forward under the driver's seat. The Type 597 Jagdwagen (1955), based on the chassis and engine of Porsche's 356. The 911 Turbo "cabrio study" with permanent all-wheel drive (1981) led to the Porsche 959 and Carrera 4.

Rethinking, from rear to front

Apart from the Goliath, I learned the advantages of front-wheel drive from a once-elegant but now decrepit prewar DKW cabriolet with yellow spoke wheels. "Front wheels pull the car so that it is always tracking straight," as a DKW fan explained to me in 1949. It was a great deal later before this version was generally accepted.

Rethinking of automobile drive only began to make its way in the sixties when front-wheel drive ended its sleeping beauty phase. Not only Citroën, the traditional firm of "traction avant," but also state-owned Renault reached successful sales figures in France with small and medium-size, front-drive passenger cars. The British Mini and Swedish Saab had amazing successes in the Rallye Monte Carlo while in Germany, Audi carried on the DKW, two-stroke, front-drive traditions with four-stroke engines. Ford even produced its Taunus 12 M with front-wheel drive, a worldwide sensation. Italian and Japanese manufacturers followed – while the previous "standard drive system" of front engine and cardan shaft to a driven rear axle steadily lost ground.

It was not only the drive of most European automobiles of conventional layout which reached the limits here – even the big three from Detroit, largest car producers in the world at that time, became uncertain of their formula for success. For the first time since the days of the original Cord there were again big US sedans with front-wheel drive, although these never matched the success of their smaller European models.

In that era I was testing cars for the magazine *auto motor und sport* in Stuttgart. We admired the Mini of Sir Alec Issigonis and the practical Renault 4, we even respected the eccentric Citroën DS 19. But we were too much sports car fans to see a manifestation of progress in every front-drive automobile. We recognized the driving safety which they offered to everyday motorists, their unproblematic mobility in winter – but we missed the ability to powerslide which came with rear-drive cars, setting up a drift with steering and throttle. We didn't want to be pulled along by those front wheels all the time.

In the 60s I came upon a vehicle which appeared to be a promisary note for the future – even if it could not be cashed in yet: the Jensen FF, a British sports car with American Chrysler V8 engine, Ferguson all-wheel drive and Dunlop Maxaret ABS. The Jensen FF was not a sales success, its all-wheel drive proved useful on a slippery surface but indifferent in fast curves. The mechanical Maxaret ABS, developed for airplanes, was overextended in an automobile. Even so, it was clear to me once I got to know the Jensen FF: all-wheel drive is not only applicable off the road, it can also combine the advantages of front- and rear-wheel drive in a road car. Also: automatic prevention of locking under brakes, together with all-wheel drive, brings a new quality to driving.

These were largely theoretical conclusions to begin with since heavy, expensive Ferguson drive was only available in a few US cars, where drivers desired better off-road capabilities, apart from the Jensen. And it would still be some time before reliabile ABS systems with electronic control became available.

Rechts außen: Der Willys „Jeep", das im 2. Weltkrieg berühmt gewordene US-Militärfahrzeug, wurde zum Vorbild vieler Geländewagen mit Frontmotor und zuschaltbarem Vorderradantrieb.

Right outside: Willys jeep, US military vehicle which won fame during WWII, was the model for many off-road cars with front engines and optional, front-wheel drive.

Mit diesem Modell begann der Siegeszug des Käfers: VW „Export“ von 1950. Mit über 20 Millionen hält die traktionsstarke Heckmotor-Limousine den Produktions-Weltrekord.

Triumph of the Beetle began with this model: VW Export of 1950. The rear-engined sedan with excellent traction holds the world production record at over 20 million.

Powerslide, das Bestimmen des Schwimmwinkels mit Lenkung und Gaspedal zugleich. Wir wollten nicht immer nur von den Vorderrädern gezogen werden.

In den 60er Jahren kam mir ein Fahrzeug in die Hand, das sich als Wechsel auf die Zukunft erwies – wenn auch als ein noch nicht einlösbarer Wechsel: der Jensen FF, ein britischer Sportwagen mit amerikanischem Chrysler V8-Motor, Ferguson-Allradantrieb und Dunlop-Maxaret-ABS. Der Jensen FF wurde kein Verkaufserfolg, sein Allradantrieb erwies sich als nützlich auf glatter Fahrbahn, aber als indifferent bei schnellem Kurvenfahren. Das für Flugzeuge konstruierte, mechanisch arbeitende Maxaret-ABS war im Auto überfordert.

Dennoch war es für mich nach der Bekanntschaft mit dem Jensen FF klar: Allradantrieb ist nicht nur im Gelände angebracht, er kann auch beim reinen Straßenfahrzeug die Vorzüge von Vorder- und Hinterradantrieb verbinden. Und: Die automatische Verhinderung des Blockierens beim Bremsen ergibt zusammen mit dem Allradantrieb eine neue Qualität des Fahrens.

Das waren zunächst eher theoretische Feststellungen, denn der teure und schwere Ferguson-Antrieb war, außer für den Jensen, nur für einige USA-Wagen zu haben, deren Fahrer sich bessere Gelände-Eigenschaften wünschten. Und es dauerte noch sehr lange, bis es zuverlässige ABS-Anlagen mit elektronischer Regelung gab.

Allrad im Sport

Auch wenn der Porsche Cisitalia nicht zum Einsatz gekommen war – der Gedanke des Allrad-Rennwagens blieb virulent. Die britische Firma Ferguson besaß Patente auf eine automatische Sperrvorrichtung im Mitteldifferential eines permanent wirksamen Allradantriebes. Auch die Verbindung dieses Antriebes mit einem mechanischen Antiblockier-System war ein Ferguson-Patent, konnte jedoch – wie im Jensen FF – nur mit dem Dunlop-Maxaret realisiert werden.

Der Ferguson-Chef und ehemalige Rennfahrer Tony Rolt baute 1960 unter der Marke „FF“ einen Formel 1 Allrad-Rennwagen mit 1,5 Liter Coventry-Climax-Frontmotor. Stirling Moss gewann mit diesem Wagen 1961 zwar ein Regenrennen in Oulton Park, aber die unhandlichen Frontmotor-Rennwagen waren gegen die Mittelmotor-Fahrzeuge bereits nicht mehr konkurrenzfähig. Die Firma BRM baute daraufhin einen Versuchs-Rennwagen mit Ferguson-Antrieb und Mittelmotor, stellte aber die Entwicklung wieder ein. Erst 1969 gingen das britische Lotus-Rennteam und die französische Firma Matra wieder mit Allrad-Rennwagen im der Formel 1 an den Start. Das beste Resultat war ein zweiter Platz von Jochen Rindt auf Lotus – wiederum in Oulton Park.

Obwohl sie den Berechnungen nach im Vorteil sein mußten und das Mehrgewicht durch bessere Beschleunigung ausgleichen konnten, erreichten diese Wagen auf trockener Bahn nicht

Ferguson FF Formel 1: Trotz eines Rennsieges von Stirling Moss konnte sich dieser Frontmotor-Allrad-Rennwagen nicht gegen die Mittelmotor- Konkurrenz behaupten.

Ferguson FF Formula 1: despite a win for Stirling Moss, the front-engined, all-wheel-drive racer couldn't stand up to its mid-engined competitors.

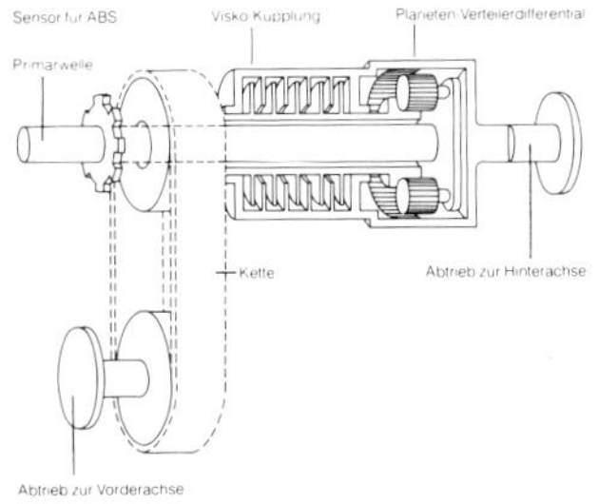

Ferguson-Viscokupplung als Differentialsperre: Der Jensen FF (hier die Vignale-Version von 1967) hatte permanenten Allradantrieb und Dunlop Maxaret ABS.

Ferguson visco-clutch as locking differential: the Jensen FF (here in 1967 Vignale version) had permanent all-wheel drive and Dunlop Maxaret ABS.

All-wheel drive in sport

Even though the Porsche Cisitalia never got into a race the idea of all-wheel-drive race cars remained vivid. Ferguson in Great Britain held patents on an automatic lockup unit for the center differential of permanently-engaged, all-wheel drive. Connecting such drive with mechanical anti-block braking was covered by another Ferguson patent although this could only be realized with Dunlop Maxaret – as in the Jensen FF.

Ferguson boss and onetime race driver Tony Rolt built an all-wheel-drive Formula 1 race car with 1.5 liter, front-mounted, Coventry Climax engine in 1960, under the FF badge. Stirling Moss did win a rain race at Oulton Park with this car in 1961 but the clumsy, front-engined race machine was no longer competitive against mid-engined cars by that time. BRM then built an experimental race car with Ferguson drive and mid-mounted engine, but dropped the project. It would be 1969 before the British Lotus racing team and Matra from France tried all-wheel-drive race cars again in Formula 1. The best result was a second for Jochen Rindt in the Lotus, again at Oulton Park.

Although calculations showed an obvious advantage and extra weight could be balanced by improved acceleration, these cars never quite matched the lap times of rear-wheel-drive cars on dry tracks. The reason only became obvious to those involved after gathering race experience: tires, and especially slicks for dry tracks, had been improved so greatly just at that time that they could transmit far higher circumferential forces than expected. Under full acceleration – race cars always accelerate fully – this provided more dynamic axle-load shift to the rear and thus more propulsive force than calculations indicated.

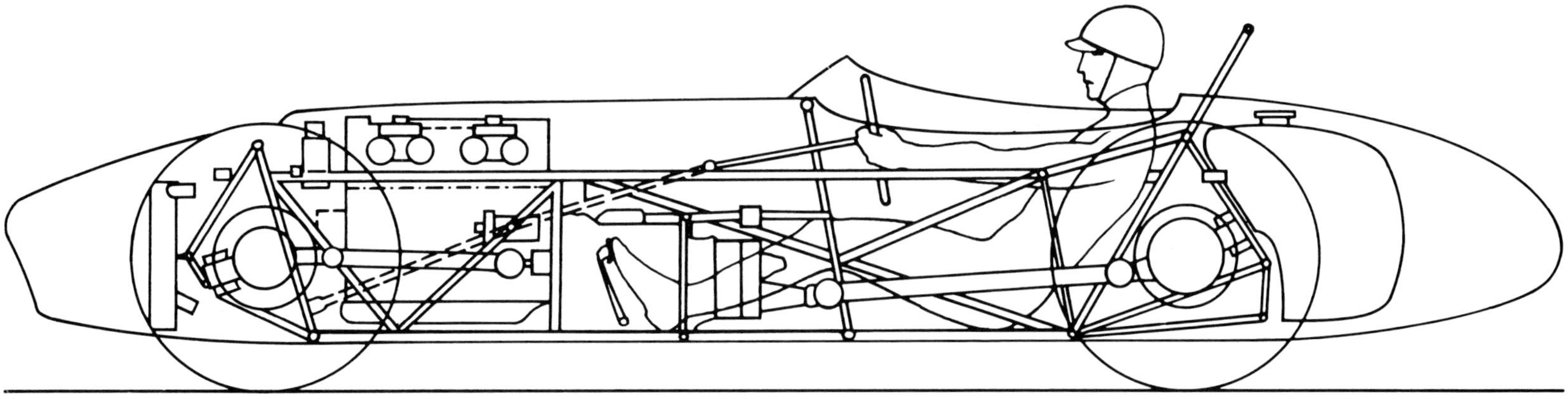

ganz die Rundenzeiten der hinterradgetriebenen Fahrzeuge. Der Grund wurde den Beteiligten erst im Lauf der Rennerfahrungen bewußt: Die Reifen, besonders die unprofilierten Slicks für trockene Fahrbahn, waren gerade zu dieser Zeit so stark verbessert worden, daß sie weit höhere Umfangskräfte übertrugen, als bisher angenommen wurde. Dies ergab beim vollen Beschleunigen – Rennwagen werden nur voll beschleunigt – eine größere dynamische Achslastverlagerung nach hinten und somit eine höhere Vortriebskraft, als in den Berechnungen angenommen wurde.

Wie beim Dragster ist also beim heutigen Formel-Rennwagen durch zusätzlichen Vorderradantrieb in der Beschleunigung auf trockener Fahrbahn nichts zu holen. Das könnte sich nur ändern, wenn die Breite der Hinterradreifen begrenzt würde. Bei Nässe ist ein Vorteil wahrscheinlich gegeben, aber er rechtfertigt unter dem Strich den höheren Bauaufwand und das höhere Gewicht nicht, da überwiegend auf trockener Bahn gefahren wird.

Anders als bei Rundstrecken-Straßenrennen sind die Bedingungen im Rallyesport. Hier dominieren gemischte Fahrbahnverhältnisse: Trockene und nasse Asphaltstraßen wechseln mit Schotter- und Sandwegen ab, es wird in der Wüste und im Urwald gefahren, auf Schnee und Eis. Auch die Fahrtechnik ist anders, volles Bremsen und volles Beschleunigen sind nicht die überwiegenden Fahrzustände, es wird mehr im Drift und damit im Teillastbereich des Motors gefahren. Bei diesen Fahrbedingungen bietet auch der reine Frontantrieb Erfolgschancen. Er konnte sich in den 60er und 70er Jahren im Rallyesport etablieren, wobei die Kurven-Fahrtechnik der Rallyefahrer eine wichtige Rolle spielte: Frontantriebsfahrzeuge untersteuern beim Gasgeben in der Kurve stark, drängen also nach außen. Während beim hinterradgetriebenen Fahrzeug der Driftwinkel mit dem Gaspedal kontrolliert werden kann, wird das frontgetriebene Fahrzeug am Kurveneingang durch Gaswegnehmen bei eingelenkten Rädern und Blockieren der Hinterräder mit der Handbremse „angestellt“, also in die neue Fahrtrichtung gebracht und dann voll beschleunigt. Diese spektakuläre Fahrweise, durch gleichzeitiges Betätigen von Gas und Bremse („Linksbremsen“) zur Virtuosität erweitert, bereichert die Rallye-Szene auch heute noch.

Walter Röhrl (hier mit den Porsche-Renntechnikern Jürgen Barth und Roland Kußmaul) fuhr 1981 Rallyes auf Porsche und wirkte bei den Allrad-Versuchsfahrten mit.
Japanischer Verkaufserfolg in den Alpenländern: Der Subaru „4WD“ mit zuschaltbarem Hinterrad-Antrieb (1981).

Walter Röhrl (shown with Porsche racing technicians Jürgen Barth and Roland Kussmaul) drove rallies in a Porsche during 1981 and participated in all-wheel-drive test runs.
Sales success in alpine lands: Subaru "4WD" with optional rear-axle drive (1981).

Trotz guter Erfolge mit Frontantrieb wollten sportbegeisterte Ingenieure der Firma Audi mehr erreichen und gingen gegen Ende der 70er Jahre daran, den Frontantrieb zum Allradantrieb auszubauen. Versuche mit durch Klauenkupplung angekoppelter Hinterachse oder mit starrem Längs-Durchtrieb führten zu guten Resultaten im Schnee und im Gelände, jedoch zu unbefriedigendem Verhalten auf fester Straße. Da die Rallye-Homologation eine Stückzahl von 400 Wagen erforderte, die für normalen Straßenbetrieb geeignet sein mußten, blieb nur die Möglichkeit, einen permanenten Allradantrieb mit sperrbarem Mitteldifferential einzusetzen.

Anders als beim Jensen FF und anderen, aus hinterradgetriebenen Frontmotorwagen ent-

Erster erfolgreicher Serienwagen mit permanentem Allradantrieb: Audi Quattro (1981). Der Porsche-Enkel und heutige Audi-Chef Dr. techn. h.c. Ferdinand Piëch (Mitte) trug maßgeblich zur Verwirklichung des Quattro-Projekts bei. Beim Quattro-Antrieb wird die Vorderachs- Antriebswelle vom Mitteldifferential durch die hohle Getriebe-Sekundärwelle geführt (unten).

First successful production car with permanent all-wheel drive: Audi Quattro (1981). Porsche grandson, now Audi Chairman, Dr techn h.c. Ferdinand Piëch (center) played a key role in realizing the Quattro project. In the Quattro system, the front-axle drive shaft is led from the center differential through a hollow gearbox secondary shaft (bottom).

Zur vorigen Doppelseite: Der Porsche „Jagdwagen" Typ 597 von 1955.

Preceding double pages: Porsche Type 597 Jagdwagen of 1955.

Today's formula race car, like the dragster, gains nothing when accelerating on a dry surface through additional front-wheel drive. That would only change if the width of rear tires was limited. There may be an advantage in the wet, but in the end it doesn't justify increased construction outlays and higher weight, since far more racing is done in the dry.

Rallye conditions are entirely different to circuit racing. Mixed surfaces dominate there: dry and wet asphalt, gravel and sand are intermixed, they run in the desert and jungle, on snow or ice. Driving techniques are different too. Maximum braking and full acceleration are not the dominant conditions, they drive more in a drift, thus in an engine's

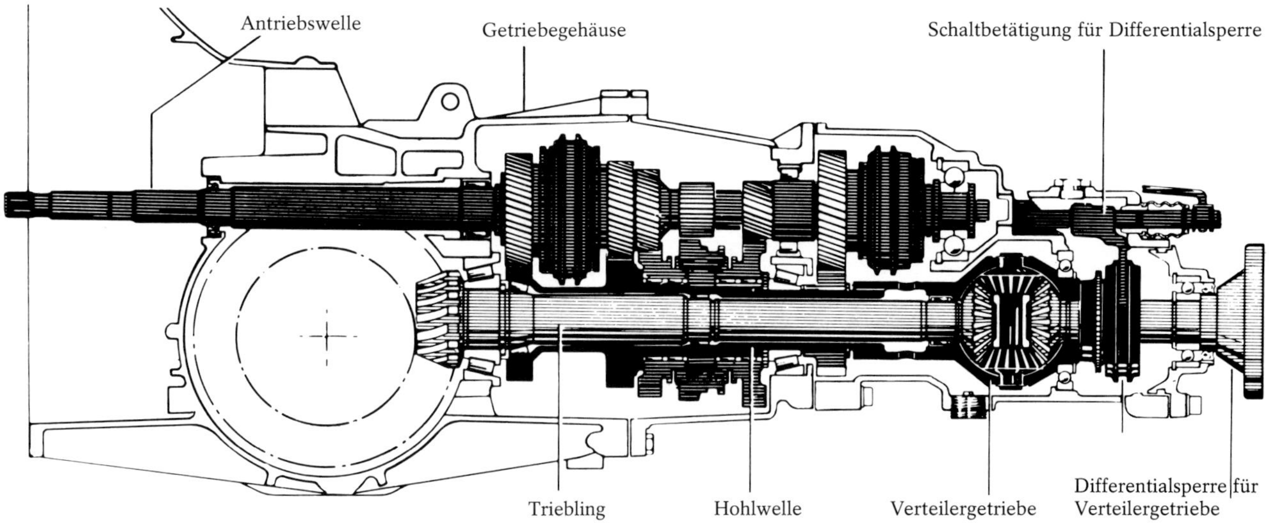

Rothmans
Rothmans
TEXACO
Rothmans
PORSCHE
177

standenen Allradfahrzeugen mußte bei Audi ein Weg gefunden werden, die Antriebskraft vom Motor-Frontantriebsblock nach hinten zu übertragen. Der Ingolstädter Getriebe-Ingenieur Franz Tengler fand diesen Weg in Form einer hohlen Getriebe-Abtriebswelle, die an ihrem hinteren Ende das Mitteldifferential antreibt. Die Vorderachs-Antriebswelle läuft in dieser Hohlwelle, die Hinterachse wird durch eine normale Gelenkwelle angetrieben.

Diese raum- und gewichtssparende Lösung wird seitdem bei allen Audi „Quattro" mit Schaltgetriebe angewendet. Zum Sperren des Mitteldifferentials diente zunächst eine einfache Klauenkupplung zwischen der hinteren Abtriebswelle und dem Differentialkäfig, später wurden auch Ferguson-Viscokupplungen und selbstsperrende Torsen-Differentiale verwendet.

Initiator des Quattro-Projekts war der Audi-Ingenieur Jörg Bensinger, der in seiner Porsche-Zeit am Mittelmotor-Sportwagen 904 mitgearbeitet hatte. Die Ingolstädter Allrad-Aktivität wäre aber nicht ohne die Förderung des Entwicklungs-Chefs Ferdinand Piëch möglich gewesen, der 1972 von Porsche zu Audi gewechselt war. Piëch gehört zum engsten Porsche-Familienkreis: Seine Mutter Louise, die „Frau Kommerzialrat" und langjährige Chefin von Porsche Austria, ist die Tochter Ferdinand Porsches, dessen Erbe und Tradition sie in Österreich mit gleichem Erfolg wahrte und mehrte wie ihr Bruder Ferdinand Anton („Ferry") in Deutschland. Ferdinand Piëch war als junger Ingenieur bei Porsche mitverantwortlich für die Entwicklung des 911, später leitete er die Entwicklung und den Einsatz der Rennwagen 908 bis 917, mit denen sich Porsche seit 1966 endgültig im internationalen Spitzensport etablierte.

Beim Audi Quattro ging es dem Porsche-Enkel nicht nur um den sportlichen Einsatz-Zweck: Durch zielstrebiges Management machte er ihn zum ersten erfolgreichen Serien-Personenwagen mit permanentem Allradantrieb. Drei Rallye-Markenweltmeisterschaften und viele Siege und Titel des Finnen Hannu Mikkola, der Französin Michèle Mouton, des Schweden Stig Blomquist und des später zum Audi-Team gekommenen Walter Röhrl waren für die erfolgreiche Allrad-Entwicklung von Audi ein hochkarätiges Startkapital.

Porsche hatte sich in den 70er Jahren aus dem Rallyesport zurückgezogen und konzentrierte sich auf die großen Rennsportwagen. Der 911, der den Zuffenhausenern viele Rallyerfolge gebracht hatte, erwies sich jedoch in der Hand von Privatfahren nach wie vor als erfolgreiches Rallyeauto, mit dem noch 1978 der Franzose Henri Nicolas die Rallye Monte Carlo gewann. Als im Automobilsport ein neues Reglement eingeführt wurde, dessen „Gruppe B" bei äußerlich seriennahen Fahrzeugen technisch weitgehende Freiheiten ermöglichte, dachten die – unterdessen im neuen Weissacher Entwicklungszentrum residierenden – Porsche-Ingenieure unter ihrem Chef Helmuth Bott erstmals daran, auf der Basis des 911 wieder ein Wettbewerbsfahrzeug zu entwickeln.

Dabei war der Allradantrieb von Anbeginn im Gespräch. Bei Porsche hatte man die japanischen Kleinwagen mit zuschaltbarem Hinterradantrieb aufmerksam registriert und ein eigenes Frontmotor-Allradfahrzeug mit Baugruppen des VW Passat Variant, also einer Kombi-Limousine, entwickelt. Es konnte jedoch die Hürde der Wolfsburger Marketing-Planungen nicht überspringen, die Verkaufsaussichten wurden zu gering eingeschätzt. Auch Allradprojekte für fremde Auftraggeber gab es in Weissach, und so war eigentlich nur die Frage zu klären, ob beim 911, der sich dafür vom Konzept her anbot, der Allradantrieb etwas bringen würde.

Die Möglichkeit, sich in der Gruppe B im Renn- und Rallyesport zu beteiligen, erleichterte die Entscheidung für erste Versuchsfahrzeuge. Obwohl es beim 911 im Rallyesport keine Traktionsprobleme gab, konnte der zusätzliche Antrieb der Vorderräder beim Kurvenfahren auf losem Untergrund und – wie man bei Vergleichsversuchen feststellte – auch auf fester Fahrbahn zusätzliche Vorteile bringen. Die Aufgabenstellung war also eine ganz andere als bei Audi, wo es darum ging, durch zusätzlichen Hinterradantrieb die Traktion und die Kontrollierbarkeit zu verbessern.

Die Möglichkeit eines gleichartigen Straßenfahrzeuges wurde von vornherein einkalkuliert – dabei dachte man an die Zahl von 200 Exemplaren, die für die Homologation in der Gruppe B erforderlich war. Dies waren die Voraussetzungen für die Entwicklung des Typs 959 „Gruppe B". Die 1981 auf der IAA

Zur vorigen Doppelseite: Der Porsche Allrad-Carrera von René Metge gewann als erster Sportwagen die schwere Wüsten- und Urwald-Rallye Paris-Dakar.

Preceding double pages: the Porsche all-wheel-drive Carrera of René Metge became first sports car to win the difficult Paris–Dakar desert and jungle rallye.

Allrad-Antriebskonzepte für Frontmotor-Personenwagen: Oben separater Antrieb vom Mitteldifferential zur Vorderachse, unten die Audi-Lösung mit Vorderachs-Antrieb durch eine Getriebe-Hohlwelle.

All-wheel-drive concepts for front-engined passenger cars. Above: separate drive from center differential to front axle. Below: Audi solution with front-axle drive through a hollow gearbox shaft.

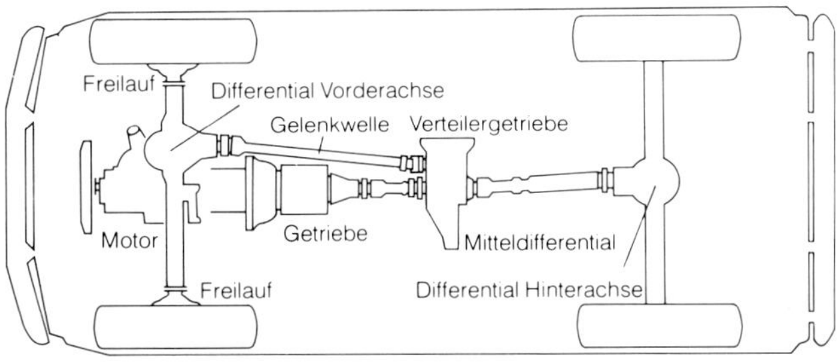

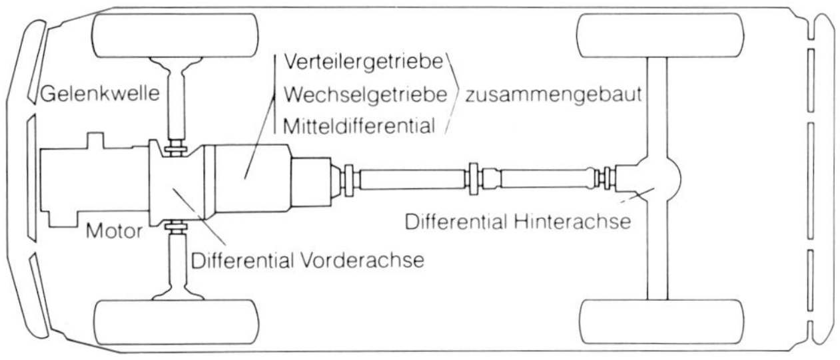

partial-load range. Given such driving conditions, pure front-wheel drive can also be successful. That was established in rallying during the 60s and 70s, with the cornering techniques of rallye drivers playing an important role: front-wheel-drive cars understeer strongly if you step down in a corner, pushing towards the outside. Whereas the drift angle can be controlled with the throttle in a rear-wheel-drive car, the front-drive car is "set up" at the entry to a corner by lifting off the throttle, turning the wheel and locking the rear wheels with the hand brake, pointing it in a new direction before accelerating hard. This spectacular driving style, extended in virtuoso manner by simultaneous use of throttle and brakes (left-foot braking), continues to enliven the rallye scene.

Despite good results with front-wheel drive, Audi engineers with a sporting bent wanted to achieve even more and turned front-wheel into all-wheel drive towards the end of the 70s. Experiments with a rear axle engaged by a dog clutch or with solid interaxle drive gave them good results in snow and off-road terrain but unsatisfactory handling on paved roads. Since rallye homologation required a run of 400 cars, which must be capable of normal road use, the only possible solution was permanent all-wheel drive with lockable center differential.

Unlike the Jensen FF and others, whose all-wheel-drive vehicles were descended from front-engined cars with rear-wheel drive, Audi had to find a way to transmit drive from the engine/front-wheel-drive unit to the rear. Ingolstadt transmission engineer Franz Tengler found his solution in the form of a hollow gearbox output shaft which drove the center differential from its rear end. A front-axle drive shaft ran through this hollow shaft, the rear axle was driven by a normal cardan shaft. This space- and weight-saving solution has been used since then for every Audi Quattro with manual gearbox. A simple dog clutch between rear output shaft and differential cage originally sufficed to lock the center differential but later Ferguson visco-clutches and Torsen, self-locking differentials were used.

Audi engineer Jörg Bensinger, who had worked on the mid-engined 904 sports car during his Porsche days, was initiator of the Quattro project. However, Ingolstadt all-wheel-drive activities wouldn't have been possible without the support of development boss Ferdinand Piëch who moved from Porsche to Audi in 1972. Piëch is a member of the immediate Porsche family circle: his mother Louise, "Mrs Counselor of Commerce" and longtime head of Porsche Austria, is the daughter of Ferdinand Porsche, whose heritage and traditions she has preserved and increased with the same success in Austria as her brother, Ferdinand Anton ("Ferry"), in Germany. Ferdinand Piëch was one of those responsible for 911 development as a young engineer at Porsche, where he later headed Development as well as Competition with race cars from 908 to 917, which Porsche has used since 1966 to establish itself firmly among the top teams of international racing.

This Porsche grandson was not solely concerned with sporting entries for the Audi Quattro: he also made it the first successful, production passenger car with all-wheel drive, through determined management methods. Three World Rallye Championships for Makes and many victories and titles for the Finn Hannu Mikkola, French lady Michèle Mouton, Swede Stig Blomquist and Walter Röhrl, who joined the Audi team somewhat later, were an outstanding launch pad for this purpose.

Porsche withdrew from rallying during the 70s and concentrated on big race sports cars.

in Frankurt vorgestellte Allrad-Cabrio-Studie enthielt aber bereits auch die Möglichkeit eines Allrad-Serienwagens und führte zum 911-Allrad-Projekt 964. Der 959 entstand in Zusammenarbeit mit der Rennabteilung, er wurde erstmals auf der IAA 1983 gezeigt.

Der erste große Allrad-Sporterfolg von Porsche, der Sieg des Franzosen René Metge bei der Rallye Paris–Dakar im Januar 1984, wurde noch mit einer Kombination beider Projekte erreicht: Karosserie und Saugmotor des 911 mit einem noch ungeregelten Transaxle-Allradantrieb, mechanischen Differentialsperren und Fahrwerksteilen des Projekts 959. Erstmals gewann ein Sportwagen diese extrem schwere, mehrwöchige Rallye, bei der bisher ausschließlich Geländewagen und Motorräder an den Start gegangen waren.

Im Herbst des gleichen Jahres wurde dann erstmals der 959 in fast endgültiger Form – mit elektronisch geregelter Lamellenkupplung an Stelle des Mitteldifferentials und Register-Turboaufladung des Motors – bei der „Pharaonen-Rallye“ in Ägypten eingesetzt und gewann gegen starke Konkurrenz. Bei Paris–Dakar im Januar 1985 wendete sich das Rallyeglück gegen die Porsche-Mannschaft – alle drei Wagen fielen mit irreparablen Defekten aus. Um so vollständiger war der Erfolg dann im nächsten Jahr mit dem ersten, zweiten und sechsten Platz bei dieser spektakulären Veranstaltung, die von vielen Kritikern als Wahnsinn eingestuft wurde, aber für Teilnehmer und Publikum weniger Gefahren mit sich brachte als so manches europäische Rallye-Ereignis.

Denn unterdessen hatte sich die Gruppe B im Rallyesport zu einem Wettrüsten mit superstarken, den zugehörigen Serienfahrzeugen nur noch äußerlich ähnelnden Fahrzeugen entwickelt. Beim 959 unterschied sich die Wettbewerbsausführung nur unwesentlich vom Straßenfahrzeug. So war es übrigens auch beim Audi Quattro, der sich als seriennahes Frontmotorfahrzeug mit neuen Mittelmotor-Allrad-Konkurrenten von Peugeot und Lancia auseinandersetzen mußte. Als das Team Röhrl/Geistdörfer aus Sicherheitserwägungen auf den Start bei der Portugal-Rallye 1986 verzichtete, war der Abschied der Gruppe B aus dem Rallyesport eingeläutet – man fuhr künftig nach den Regeln der seriennahen

Gruppe A. Der Audi Rallye-Quattro und der Porsche 959, zwei im Charakter grundverschiedene Allradfahrzeuge, traten nie gegeneinander an.

1986 startete Porsche bei den Langstreckenrennen in Le Mans und Daytona mit dem Typ 961, einer Rennversion des 959. Man wollte damit nicht den Gedanken der Allrad-Rennboliden neu beleben, sondern die Langstreckenrennen im ursprünglichen Sinn nutzen: als Beweis für die Qualität und Zuverlässigkeit seriennaher Sportfahrzeuge. Mit nur kurzen Boxen-Aufenthalten zum Tanken, gleichmäßigen Rundenzeiten und geringer Nervenbelastung der Fahrer kam der 961 auf einen guten Mittelplatz unter weit stärkeren Rennsportwagen. Der elektronisch geregelte Antrieb hatte damit auch unter Rennbedingungen seine Qualitäten gezeigt.

Neue Kategorien des Straßenfahrzeuges

Der Porsche 959 wurde zwar zunächst durch seine Sporterfolge bekannt, erwarb sich aber bald den Ruf des durch Technik und Leistung überlegenen Straßenfahrzeuges und des Technologieträgers für neue Entwicklungen im Automobilbau. Der hohe Kaufpreis, zu dem das in Handarbeit hergestellte Fahrzeug angeboten werden mußte, verhinderte nicht den schnellen Ausverkauf der kleinen Serie. Die Zahlen 9–5–9 wurden zum Synonym für einen neuen Superlativ im Automobilbau.

Der Audi Quattro brachte mit mehreren Weltmeisterschaften im Rallyesport die Wende zum Allradantrieb (links das Team Röhrl/Geistdörfer). Der Porsche 959 wurde für Rundstreckenrennen der Gruppe B entwickelt. Rechts die Rennversion Porsche 961 mit den Fahrern René Metge, Claude Ballot-Lena und Günther Steckkönig bei den 24 Stunden von Le Mans 1986.

With several world championships in rallying, the Audi Quattro initiated a move to all-wheel drive (left the Röhrl/Geistdorfer team). Porsche's 959 was developed for Group B circuit racing. Right: Porsche 961 racing version driven by René Metge, Claude Ballot-Lena and Günther Steckkönig at the 24 hours of Le Mans, 1986.

When new regulations were introduced for motor sport, including Group B which permitted extensive technical freedom within a standard-looking vehicle, Porsche engineers under their boss Helmuth Bott – now based in the new Weissach Development Center – started to consider developing another competition car, based on the 911. The possibility of a road car in the same mold was considered from the first – they were thinking of the 200 units which had to be built for Group B homologation . The 959 was built in cooperation with the race department and first shown at the 1983 IAA.

The first major, all-wheel-drive sporting success for Porsche, a victory for Frenchman René Metge in the Rallye Paris-Dakar in January, 1984, was achieved with a combination of the 911 all-wheel-drive project and the 959: body and unblown engine of the 911 with still-uncontrolled transaxle/all-wheel drive, mechanical differential locks and chassis components from the 959 project. It was the first time a sports car could win this extremely difficult rallye, taking several weeks, where only off-road vehicles and motorcycles had started previously.

In the autumn of that same year a 959 in almost final form with electronically-controlled, multi-disk clutch in place of the center differential and two-stage turbocharging for the engine – was entered for the first time in the Pharaohs Rallye in Egypt, where it won against stiff competition. In January, 1985, Paris-Dakar rallye luck turned against the Porsche team – all three cars retired with irreparable problems. Success the following year was that much greater, with first, second and sixth in this spectacular event, considered mad by many critics, but with less inherent danger to participants and public than many a European rallye happening.

Meanwhile, Group B had developed in rallye sport to competition between excessively-powerful cars having nothing in common with production cars, apart from appearance. In the case of the 959, the competition version differed only slightly from the road car. This was also true for the Audi Quattro, an almost-standard, front-engined car which had to compete with mid-engined, all-wheel-drive rivals from Peugeot and Lancia. When Röhrl/Geistdorfer declined to start in the 1986 Portugal Rallye on safety grounds it prefigured the end of Group B in rallying. In the future they would run to the regulations of near-standard Group A. The Audi Rallye Quattro and Porsche 959, two all-wheel-drive cars of basically different character, never met in competition.

In 1986 Porsche started a Type 961, race version of the 959, in the Le Mans and Daytona endurance contests. The intent wasn't to revitalize ideas of all-wheel-drive racers, but rather to utilize the original purpose of endurance racing: to prove the quality and reliability of near-standard sporting vehicles. With only short pit stops to

Superlativ im Automobilbau: Im Porsche 959 wurde erstmals ein elektronisch geregelter Allradantrieb zur Anpassung der Fahreigenschaften an die Fahrbedingungen eingesetzt.

Superlative in automobile building: electronically-controlled all-wheel drive to adjust handling to surface conditions was used for the first time in the Porsche 959.

Das liegt gewiß nicht nur am elektronisch geregelten Allradantrieb mit Auslegungs-Wahlmöglichkeiten für verschiedene Fahrbedingungen. Es hat ebenso seinen Grund in den ungewöhnlichen Beschleunigungs- und Geschwindigkeitsleistungen, die mit einem Optimum an Sicherheit erreicht werden, in der aufwendigen Fahrwerkstechnik, die sich durch Niveau- und Stoßdämpferregelung den Fahrbedingungen anpaßt. Und bestimmt auch in der Karosserieform und im Styling, die mit dem Einerlei des Straßenbildes so gar nichts zu tun haben.

Aber dieser Superlativ ist ein Allradfahrzeug. Als Sonderserie in geringer Stückzahl hergestellt, hat er seine Fortsetzung und Auswirkung in Porsches erstem Allrad-Seriensportwagen gefunden, dem Carrera 4. Die Porsche Allrad-Story ist damit einstweilen bis etwa 1990 festgeschrieben, aber es läßt sich absehen, daß es bei diesem einen Serienwagen mit vier angetriebenen Rädern nicht bleiben wird. Auch die Frage, ob Porsches Heckmotorkonzept „noch zeitgemäß“ ist, gerät damit in eine neue Dimension. Zeitgemäß ist, was den Anforderungen einer Zeit gerecht wird. Ferdinand Porsches Radnabenantrieb von 1900 war – das zeigte der Erfolg – zeitgemäß. Sein Käfer von 1936 wurde es erst in den 50er Jahren, seine Schwimm- und Kommandeurwagen waren den schweren Kriegszeiten gemäß, für die sie gebraucht wurden. Der Porsche Cisitalia war wohl seiner Zeit zu weit voraus, um zeitgemäß zu sein.

Mit dem 959 hat Porsche im besten Sinn „ein Exempel statuiert“. Das Beispiel ist gegeben, und es wird noch lange Gültigkeit besitzen. Aber der 959 ist kein Serienwagen, man kann ihn bei Porsche schon längst nicht mehr kaufen. Nun wird mit dem Carrera 4 der Schritt in die ständige Serie getan.

refuel, steady lap times and modest stress for its drivers, the 961 posted a solid, mid-field result against far stronger race sports cars. Electronically-controlled drive had confirmed its qualities under racing conditions.
The Porsche 959 did become known initially through its sporting successes but soon established a name as outstanding road car for its technology and performance, the technological test bed for new developments in automobile construction. A high price, necessary for cars built by hand, didn't prevent the small series from selling out quickly. The numbers 9-5-9 became synonymous for new superlatives in automobile building.

That was certainly not due alone to electronically-controlled all-wheel drive, permitting selection of layout to suit various driving conditions. It was likewise based on unusual acceleration and top speed potential, achieved with optimum safety, and to comprehensive chassis technology adjusting to driving requirements through leveling and shock absorber controls, confirmed as well in body shape and styling which have nothing in common with a routine traffic scene.

However, this supercar is an all-wheel-drive vehicle. Produced as a special, limited-edition series, it finds continuation and effect in Porsche's first all-wheel-drive production sports car, the Carrera 4. With this, the Porsche all-wheel-drive tale is settled until around 1990, but one can predict that this will not remain the only road car using four driven wheels. Even the question of whether Porsche's rear-engined concept "remains up-to-date" takes on a new dimension now. Whatever an era demands is up-to-date. Ferdinand Porsche's wheel-hub drive of 1900 was – as success proved – up-to-date. His Beetle from 1936 only became so in the 50s, his amphibian and Kommandeur cars suited difficult wartime needs, for which they had been conceived. The Porsche Cisitalia was probably too far ahead of its time to be up-to-date.

With its 959 Porsche has "set an example," in the best sense. The example is there and it will remain good for a long time. But the 959 is no production car, you haven't been able to buy one from Porsche for some time. The move to regular production comes now, with the Carrera 4.

Gespräch mit Helmuth Bott

„Wir wollen alle Räder nützen . . .“

Herr Professor Bott, wann sind Sie zum ersten Mal mit Allradantrieb in Berührung gekommen?

Als junger Soldat machte ich den Lkw-Führerschein und fuhr später verschiedene Geländefahrzeuge. Sie hatten Allradantrieb, der aber nicht für den Straßenbetrieb bestimmt war. Meine ersten Erfahrungen mit Allradantrieb auf der Straße machte ich bei Porsche in den fünfziger Jahren, als wir den Jagdwagen Typ 597 entwickelten. Um den Einfluß des Allradantriebs auf die Fahreigenschaften zu untersuchen, liehen wir einen aus der Kriegszeit stammenden Allrad-Käfer beim Autohaus Glöckler in Frankfurt aus. Bei den Fahrversuchen auf dem Flugplatz Malmsheim – die Weissacher Prüfstrecke gab es noch nicht – stellte ich erstmals fest, wie deutlich sich das Fahrverhalten eines Heckmotorwagens durch den Vierradantrieb verändert.

Konnten Sie diese Erfahrungen beim Typ 597 anwenden?

Ja. Der Typ 597 war unter anderem für den Einsatz beim Bundesgrenzschutz gedacht und sollte deshalb auch auf Straßen und Autobahnen gute und sichere Fahreigenschaften aufweisen. Wir haben das auch erreicht – unter anderem durch einen relativ großen Nachlauf an den Vorderrädern, der bei Frontantrieb nicht üblich war. Der 597 hatte einen guten Geradeauslauf, auch mit Geländereifen, die damals geringe Rückstellmomente hatten.

Allradantrieb für Sportwagen haben Sie damals noch nicht geplant?

Nein, aber wir haben uns immer wieder damit befaßt. In den 60er Jahren kauften wir einen Jensen FF, mit dem wir viele Fahrversuche machten. Er war der erste Sportwagen mit Allradantrieb, aber er zeigte auf trockener und nasser Fahrbahn nicht die von uns erwarteten Fahreigenschaften. Was wir heute an Allradfahrzeugen schätzen, war mit dem Jensen nicht zu erreichen, auch nicht durch verschiedene Umbauten.

Professor Dr.-Ing. E. h. Helmuth Bott, „Vater“ und langjähriger Chef des Porsche-Entwicklungszentrums Weissach, leitete die Entwicklung des elektronisch geregelten Allradantriebes und der Porsche-Typen 959 und Carrera 4.

Professor Dr Ing h.c. Helmuth Bott, "father" and longtime head of the Porsche Development Center in Weissach, directed development of electronically-controlled all-wheel drive as well as Porsche types, 959 and Carrera 4.

Interview with Helmuth Bott

"We Want To Use All The Wheels . . ."

Professor Bott, when did you first come into contact with all-wheel drive?

As a young soldier I received a truck license and later drove various off-road vehicles. These had all-wheel drive but weren't meant for road use. My first experience of all-wheel drive on the road came at Porsche in the fifties, when we developed the Type 597 Jagdwagen. To investigate the influence of all-wheel drive on handling, we borrowed an all-wheel-drive Beetle, built during the war, from Autohaus Glöckler in Frankfurt. During driving tests at Malmsheim airfield – Weissach didn't exist yet – I discovered for the first time, how clearly the handling of a rear-engined car is altered by four-wheel drive.

Could you apply this experience to the Type 597?

Yes, the Type 597 was under consideration for the German border patrol, among other things, and therefore was supposed to handle well on both roads and autobahns. We achieved that too – using relatively large front-wheel caster among other things. That was unusual for front-wheel drive. The 597 had good straight-line tracking, even with off-road tires which provided little self-centering then.

You weren't planning on all-wheel drive for sports cars at that time?

No, but we were always looking into that. During the 60s we bought a Jensen FF and subjected it to many driving tests. It was the first sports car with all-wheel drive but it didn't have the handling we expected on dry or wet pavement. The things we appreciate today in all-wheel-drive vehicles couldn't be achieved with the Jensen, not even after various changes.

Were you involved with other front-engine, all-wheel-drive projects as well?

Yes, we developed such a concept in the 70s, at the instigation of Professor Porsche, before we built a rear-engine, all-wheel-drive car based on the 911. It confirmed my positive experience from earlier years. This car led to the all-wheel-drive study which we showed at the IAA (Frankfurt show) in 1981. To learn even more I have regularly driven a 911 with all-wheel drive since then, alongside other experimental cars.

Did these experimental cars have permanent all-wheel drive or were you considering driver-optional solutions?

Permanent all-wheel drive is the only possible answer for a sports car. Engaging an additional axle alters the road behavior too sharply and we wanted to use the positive features of four driven wheels under all road conditions.

Wasn't it really a curious idea to drive the front wheels of a rear-engine car?

No, not at all. We found this principle clear back in a wonderful Rabe drawing for a VW all-wheel-drive project as early as 1934. This drive layout also proved exceptional during the war. I was especially impressed by the Porsche Cisitalia which provided for all-wheel drive in a Grand Prix race car shortly after the war. Since then, this possibility has always intrigued me.

What was it which intrigued you?

For one thing, to interpret everything which all-wheel drive could produce on a race track, meaning on a dry surface, quite apart from off-road terrain where everybody knows that all-wheel drive produces more traction. That was also our starting point for the Jensen tests. The more evenly you distribute lateral and

Haben Sie sich noch mit weiteren Frontmotor-Allradprojekten beschäftigt?

Ja, wir entwarfen in den 70er Jahren auf Anregung von Professor Porsche ein solches Konzept, bevor wir später einen Heckmotor-Allradwagen auf der Basis des 911 bauten. Dieser bestätigte meine guten Erfahrungen aus den früheren Jahren. Aus diesem Wagen ging die Allradstudie hervor, die wir auf der IAA 1981 zeigten. Um weiterzulernen, fuhr ich seitdem immer – neben anderen Versuchswagen – einen 911 mit Allradantrieb.

Hatten diese Versuchswagen permanenten Allradantrieb, oder dachten Sie auch an zuschaltbare Lösungen?

Für einen Sportwagen kommt nur permanenter Allradantrieb in Frage. Das Zuschalten einer Achse würde die Fahreigenschaften zu sehr verändern, und wir wollen die positiven Eigenschaften von vier angetriebenen Rädern bei allen Straßenverhältnissen nützen.

War es nicht zunächst ein absurder Gedanke, mit einem Heckmotor die Vorderräder anzutreiben?

Nein, überhaupt nicht. Wir fanden dieses Prinzip schon in der schönen Zeichnung von Herrn Rabe für ein VW-Allradprojekt aus dem Jahr 1934. Im Krieg hat sich diese Antriebsform dann hervorragend bewährt. Besonders beeindruckt war ich vom Porsche Cisitalia, bei dem schon kurz nach Kriegsende der Allradantrieb in einem Grand Prix-Rennwagen vorgesehen wurde. Seitdem hat mich diese Möglichkeit immer wieder gereizt.

Was hat Sie daran gereizt?

Einmal nachzuvollziehen, was der Allradantrieb auf der Rennstrecke leisten kann, also auf trockener Straße – ganz abseits vom Gelände, wo jeder weiß, daß Allrad mehr Traktion bringt. Das war auch der Ansatzpunkt für unsere Versuche mit dem Jensen. Je gleichmäßiger man Seiten- und Umfangskräfte auf alle vier Räder verteilt, umso besser ist das Fahrverhalten. Das auszuloten, war dann auch der Sinn des 959, den wir ab 1982 entwickelten.

Der vielfache Le Mans-Sieger Jacky Ickx, hier mit Helmuth Bott an der Porsche-Box des berühmten 24-Stunden-Rennens, war Initiator des Allrad-Erprobungseinsatzes bei der Rallye Paris–Dakar.

Multiple Le Mans winner Jacky Ickx, shown with Helmuth Bott in Porsche's pit at the famous 24 hour race, was initiator of experimental all-wheel-drive entries in the Rallye Paris-Dakar.

War der 959 nicht zunächst als Rallyefahrzeug gedacht?

Nein, der 959 ist von seiner Grundkonzeption her kein Rallye- oder Geländefahrzeug. Wir hatten uns erhofft, daß es einmal Gruppe B-Rennen auf der Straße geben würde. Wir hätten durch den Allradantrieb auf der Rennstrecke mit etwas schmäleren Reifen die volle Traktion und einen günstigeren Luftwiderstand erreicht, um – zum Beispiel in Le Mans auf der Geraden – der Schnellste zu sein.

Wie hoch war das vorgeschriebene Gewicht in der Gruppe B?

Es waren 1100 kg für die Hubraumklasse des 959. Wir hätten durch Erleichtern der Karosse und anderer Teile den zusätzlichen Antriebsstrang kompensieren und am Gewichtslimit fahren können. Damit hätte der 959 gute Chancen gehabt. Wir wollten mit ihm ein Rennfahrzeug für den Breitensport schaffen, zusätzlich zum Spitzensport in der Gruppe C. Die Gruppe A war für Tourenwagen bestimmt, wir konnten dort wegen der Innenmaße nicht konkurrieren. So kam nur die Gruppe B in Frage. Es war damals nicht vorauszusehen, daß sie sich ganz in Richtung Rallyesport entwickeln würde.

Die Rallyewagen der Gruppe B waren zum Teil Spezialfahrzeuge, die mit den zugehörigen Serienwagen nicht mehr viel zu tun hatten. War das auch beim 959 der Fall?

Sportwagen mit geregeltem Allradantrieb bei der härtesten Rallye der Welt: Mit dem 1., 2. und 6. Platz bestätigte der Typ 959 im Jahr 1987 die Überlegenheit dieses Konzepts. Den Siegerwagen fuhr wiederum der Franzose René Metge.

Sports car with controlled all-wheel drive in the toughest rallye in the world: with places 1, 2 and 6 the Type 959 proved the superiority of this concept in 1987. Frenchman René Metge again drove the winning car.

longitudinal forces among all four wheels, the better your handling. To further explore this became the purpose behind the 959, which we began to develop in 1982.

Wasn't the 959 conceived originally as a rallye car?

No, the 959 was neither a rallye nor off-road car in its basic concept. We did hope at that time that there might be Group B races on road courses some day. We could have achieved full traction and excellent air resistance by using all-wheel drive for the race track with somewhat narrower tires – to be fastest along the straight at Le Mans, for instance.

What was the prescribed weight limit for Group B?

It was 1100 kg for the 959's displacement class. We could have compensated for the additional drive components by lightening the body and other parts, to make the weight limit. That way the 959 would have had a good chance. We wanted to create a race car for mass sport with it, apart from top racing in Group C. Group A was reserved for touring cars and we couldn't compete there, due to interior space requirements. Group B was our only possibility. At that time we couldn't foresee that matters would develop exclusively in the direction of rallying.

Nein, ganz im Gegenteil. Wir wollten in der vorgeschriebenen Stückzahl von 200 Exemplaren einen konkurrenzfähigen Wagen bauen, der ohne große Änderungen für den Straßenbetrieb geeignet war. Es sollte kein „schneller Schemel“ werden, sondern ein Fahrzeug, das Qualitäten auch für Kunden aufwies, die nicht die Absicht hatten, es im Wettbewerb einzusetzen.

Wollten Sie den 959 von Anfang an in solchem Umfang zum Technologieträger machen, wie es nachher der Fall war?

Ja, wir wollten etwas lernen für unsere künftigen Entwicklungen. Wir betrachteten den 959 als Lernfahrzeug, neben seiner ursprünglichen Aufgabe des Sporteinsatzes. Dazu gehört außer dem Allradantrieb mit der elektronischen Steuerung die Motor- und Fahrwerkstechnik, die Aerodynamik und die Kunststoffanwendung im Karosseriebau.

Führt vom 959 eine direkte Entwicklungslinie zum Carrera 4?

Ja, selbstverständlich. Dies ist auch personell bedingt. Herr Bantle zum Beispiel, der schon die Fahrwerksentwicklung und Abstimmung des Rennwagens 908/03 und des 928 mit großem persönlichen Engagement durchgeführt hat, wurde mit der Projektleitung für den 959 beauftragt. Er wirkte auch bei der Fahrwerksabstimmung des Allrad-911 mit der Entwicklungsnummer 964 mit. Für eine Reihe von Systemen, besonders Allradtechnik, Sperrensteuerung, Antiblockiersystem und Aerodynamik profitierten wir von den Entwicklungserfahrungen des 959. Das ergab sich schon aus den Anforderungen der Gruppe B und der kleinen Stückzahl von 200 Exemplaren. Wir konnten beim 959 unabhängig von Produktions-Überlegungen und dadurch auch schneller arbeiten als bei einem Serienprojekt wie dem 964. Zwar war das 911 Allradfahrzeug zunächst schon für 1983 vorgesehen, aber aus marktpolitischen Erwägungen wurde die Cabrio-Entwicklung zeitlich vorgezogen. Das erwies sich auch als richtig, denn wir kamen frühzeitig in den Cabrio-Boom, den wir dann mit unserer Ausführung der elektrischen Verdeckbetätigung weiter genutzt haben. Der Allrad-911 wurde auch aus Produktionsgründen zurückgestellt. In der ersten Version wurde das Transaxle-Rohr für den Vorderradantrieb noch über den Mitteltunnel gelegt und mit einem Kunststoffteil verkleidet. Nicht zuletzt aufgrund einer Anregung von Herrn Professor Porsche haben wir uns dann entschlossen, den Triebstrang so zu bauen, daß er komplett von unten montiert werden konnte. Dies setzte aber eine völlige Neugestaltung der Bodengruppe und des Vorderwagens voraus, die wir erst mit den neuen Zuffenhausener Produktionsanlagen verwirklichen konnten.

Auf der Frankfurter IAA des Jahres 1981 stellte Porsche die 911 Turbo-Cabrio-Allrad-Studie der Öffentlichkeit vor.

Porsche presented the 911 Turbo Cabrio, all-wheel-drive study to the public at the Frankfurt auto salon in 1981.

Unterscheiden sich die Karosserie des 959 und des Carrera 4 erheblich?

Wir haben beim 959 vorhandene Baugruppen abgeändert oder leichte, aber teure Kunststoffe angewandt, während beim Carrera 4 eine völlig neue Bodengruppe konstruiert wurde. Die Rücksitze des 959 wurden durch das Sechsganggetriebe beeinträchtigt, beim Carrera 4 wollten wir die hinteren Sitze vollwertig erhalten und einen größeren Bug-Kofferraum bieten als beim 959. Das bedingte erhebliche Abweichungen. Auch konnten wir bei der größeren Stückzahl des Carrera 4 nicht so aufwendige Kohlefaser- und Kevlar-Teile verwenden, sondern blieben weitgehend bei der Fertigungstechnik unserer Serienfahrzeuge.

Wie verfolgten Sie die Entwicklungsarbeit?

Seit 1982 hatte ich für meinen täglichen Weg – nach Pforzheim oder auf die Schwäbische Alb, bei Sonne und Regen, Schnee und Eis – häufig einen 911 mit Allradantrieb zur Verfügung, der dem jeweiligen neuesten Stand entsprach. Die Vorteile in den Fahreigenschaf-

Das Weissacher Entwicklungszentrum mit Erprobungsstrecken für Renn- und Serienwagen.

Development Center near Weissach, west of Stuttgart, with test tracks for production and race cars.

Some rallye cars for Group B were special machines which didn't have much in common with relevant production cars any more. Was that the case with the 959 as well?

No, precisely the opposite. We wanted to build a competitive car in the prescribed series of 200 which would be suitable for road use without major changes. It wasn't supposed to be a "hot rod" but a car with qualities for the customer who didn't intend to use one in competition.

Did you originally intend to make the 959 a technological test bed to the extent it later became?

Yes, we wanted something applicable to future developments. We viewed the 959 as a study car, alongside its original task as sporting vehicle. Apart from all-wheel drive with electronic control, that includes engine and chassis technology, aerodynamics and the use of plastics in the body.

Is there a direct development line from 959 to Carrera 4?

Yes, of course. That is staff-related as well. Mr Bantle, for instance, who had previously carried out chassis development and tuning for the 908/03 race car and 928 with enormous personal engagement, was made project director for the 959. He also influenced chassis adjustment of the all-

ten waren von Anfang an deutlich spürbar. Das gab mir großes Vertrauen in diese Entwicklung.

Hatten Sie in dieser Zeit auch einmal den Eindruck, daß der 911 durch den Allradantrieb seinen typischen Charakter verlieren könnte?

Einen ungeplanten Vergleich hatte ich schon bei unserer ersten Vorerprobung in der Sahara. Bei dem 911 Allrad brach eine der provisorisch hergestellten Gelenkwellen. Wir mußten den Vorderradantrieb stillegen und einige hundert Kilometer mit reinem Hinterradantrieb fahren. Auf dem weichen Untergrund traten sofort wieder die starken Bewegungen um die Hochachse auf, die uns in den Jahren zuvor bei der Safari-Rallye in Kenia Schwierigkeiten bereitet hatten. Sobald die Gelenkwellen wieder eingebaut waren, konnten wir das Fahrzeug wieder mit der vorherigen Präzision fahren. Das war für mich ein Schlüsselerlebnis: Was sich in so schwierigem Gelände bewährt, daß muß auch auf trockener Straße im Grenzbereich zum Ausdruck kommen. Das ging auch anderen so – Jacky Ickx zum Beispiel oder Peter Falk. Die Stabilität um die Hochachse ist beim Allradantrieb höher, trotzdem bleibt das Fahrzeug im Grenzbereich wie der heutige 911 beherrschbar.

Fuhren Sie damals mit Mitteldifferential oder hatten Sie starren Durchtrieb?

Wir entschieden uns beim 911 frühzeitig für ein Differential zwischen Vorder- und Hinterachse mit zusätzlicher Längssperre. Für das Straßenfahrzeug war ich immer ein Verfechter des Mitteldifferentials im Allradantrieb, weil es am besten die Verzwängungen vermeidet. Es hat mich überrascht, daß wir beim 959 mit der Lamellenkupplung ohne Differential so wenig Probleme mit Verzwängungen hatten.

Ist diese steuerbare Lamellenkupplung eine Porsche-Entwicklung?

Ja, das Prinzip der sogenannten Porsche-Steuerkupplung wurde in unserer Getriebekonstruktion unter Robert Müller entworfen und hat auf Anhieb sehr gut funktioniert. Für den 964, wo sie als Längs- und Quersperre dient, wurde diese Kupplung nochmals optimiert. Die Ansprechzeiten wurden im Vergleich zum 959 noch wesentlich verkürzt.

Viele Jahre Zusammenarbeit für fortschrittliche Automobiltechnik: Ferry Porsche und Helmuth Bott.

Many years of common effort for advanced automobile technology: Ferry Porsche and Helmuth Bott.

Vergeben Sie Rechte für die Nutzung dieser Kupplung?

Zur Zeit noch nicht, wir möchten unseren elektronisch geregelten Allradantrieb noch eine Zeit lang für uns behalten.

Haben Sie auch Versuche mit dem Torsen-Differential gemacht, bei dem die Sperrwirkung über Schneckenräder erzielt wird?

Ja, wir haben das versucht, aber für die hohen Momente, die in unseren Versuchsfahrzeugen zu übertragen sind, erwies sich das Torsen-Differential als nicht verschleißfest genug. Wir können es deswegen in der Serie nicht einsetzen.

Bringt der Allradantrieb für das Heckmotorprinzip neue Erkenntnisse und Möglichkeiten?

Davon bin ich überzeugt. Man kann die Fahreigenschaften in einer Weise kultivieren, wie wir es uns auf andere Weise nicht zutrauen würden. Sowohl auf Paßstraßen als auch bei hohen Geschwindigkeiten auf Schnellstraßen sind hervorragende Eigenschaften erkennbar. Die Fahrsicherheit auf regennasser Fahrbahn ist besonders hervorzuheben. Mit unseren neuen Lösungen für Heizung und Klimaanlage beim luftgekühlten Heckmotor haben wir dieses Konzept der 30er Jahre nicht nur dem Stand der Technik der 90er Jahre angepaßt, sondern eine ganze Reihe neuer Vorteile erreicht. Dazu zähle ich auch die reduzierten Pedal- und Lenkkräfte in Verbindung mit dem

wheel-drive 911 with development number 964. We profit from development experience with the 959 in a number of systems, particularly all-wheel-drive technology, lock-up control, anti-lock systems and aerodynamics. That was inherent in Group B demands and the small number of 200 cars. With the 959 we were independent of production considerations and thus able to work faster than for a production project like the 964. It's true that the 911, all-wheel-drive car was originally intended for 1983, but Cabrio development was given precedence for marketing reasons. That proved correct since we got into the cabrio boom early and rode it further with our version providing electric top operation. The all-wheel-drive 911 was also set back for production reasons. In our first version the transaxle tube for front-wheel drive still ran above the center tunnel, under a plastic cover. Due in good part to a suggestion from Professor Porsche, we then decided to build the driveline so that it could be mounted entirely from below. However, this required a complete new layout of the floor pan and front of the car, which we could only realize in the new Zuffenhausen production facilities.

Are there major differences between 959 and Carrera 4 bodywork?

For the 959 we either altered available components or used light but expensive plastics, whereas a completely new floor pan was designed for the Carrera 4. The rear seats of the 959 are limited by its six-speed gearbox but we wanted to retain full-value seats and offer a larger trunk in the nose than that of a 959. This required major changes. Also, due to larger production figures for the Carrera 4, we couldn't use such expensive carbon fiber and Kevlar parts, remaining largely within production methods from our road cars.

How did you personally remain abreast of development work?

Since 1982 I have had a 911 with all-wheel drive available for my daily trips – to Pforzheim, or to the Swabian Alb, in sunshine and rain, snow and ice – one which always represented the latest level. Handling advantages were clearly noticeable from the first. That gave me great confidence in this development.

During this period did you ever have the impression that the 911 could lose its typical character by adding all-wheel drive?

I had an unplanned comparison during our first test runs in the Sahara. One of the provisional drive shafts of the all-wheel-drive 911 broke. We had to disconnect front-wheel drive and cover several hundred kilometers with pure rear-wheel drive. On the soft surface we again experienced strong movements around the vertical axis which had caused us problems years before, during the Safari Rallye in Kenya. As soon as the drive shafts could be installed again, we could drive the car with its previous precision. That was a key experience for me: anything as effective in such difficult terrain must also be evident on a dry surface, at the limits. This was confirmed by others on the trip as well – Jacky Ickx for instance, or Peter Falk. Stability around the vertical axis is better with all-wheel drive, yet the car remains controllable at the limits, like today's 911.

Did you run with center differential then or did you have rigid longitudinal drive?

We decided early on a differential between the front and rear axles of the 911, with center lockup added. For road cars I have always been a fan of the center differential with all-wheel drive because it is the best way to avoid pre-loading. It surprised me that we had so few problems with pre-loading in the 959, using the multi-disk clutch but no differential.

Is this controllable, multi-disk clutch a Porsche development?

Yes, the principle of a so-called Porsche control clutch was designed in our transmission department under Robert Müller and functioned very well from the first. This clutch was optimized further for the 964, where it serves as both longitudinal and transverse lockup. Response times were shortened considerably, compared to a 959.

Will you license rights for the use of this clutch?

For the moment, no. We want to retain electronically-controlled, all-wheel drive for our own use a while.

Lenkservo. Die neue Servolenkung ist direkt und sportlich ausgelegt, mit gutem Rückstellmoment und geringen Kräften. Eine ebenso wichtige Verbesserung sehe ich in der spurkorrigierenden Hinterachse, die erstmals bei einem Heckmotorwagen angewendet wird. Zu einem späteren Zeitpunkt werden wir auch eine Niveauregulierung einbauen können. Viele Details aus diesem Paket entstammen dem 959.

Wären die im 959 und im Carrera 4 erreichten Fortschritte ohne Elektronik möglich?

Sicherlich nicht. Wir brauchen die Elektronik für die Steuerung des Allradantriebes, bei der wir lernfähige Komponenten verwenden, und für das ABS. Dabei müssen selbst minimale Drehzahlunterschiede vom Rechner verarbeitet werden. Und wir nutzen die Elektronik für die Gemischaufbereitung, die Doppelzündung, die Steuerung von Heizung und Lüftung sowie für den automatischen Spoiler. Dieser verhindert nicht nur den Auftrieb an der Hinterachse, er verbessert auch die Druckverhältnisse im Motorbereich. Wir haben kühlere und saubere Ansaugluft.

Wie sehen Sie die Aussichten des Carrera 4 im Vergleich zur heckgetriebenen Version?

Er wird sicher viele Fahrer veranlassen, sich mit dem Allradantrieb auseinanderzusetzen. Mit seinen vielen Vorteilen wird er für den Allradantrieb Freunde gewinnen, die auf andere Weise vielleicht gar nicht darauf gekommen wären, ein Allradfahrzeug zu fahren. Dazu trägt sicher auch der 959 bei, der viele Vorurteile gegenüber allradgetriebenen Sportwagen verschwinden ließ. Der Carrera 4 ist ein vielleicht noch harmonischeres Fahrzeug, das beim Fahren in jeder Beziehung große Freude macht. Ich habe mich bereits fest für ihn als künftiges Privatfahrzeug entschieden.

Haben die Porsche-Allradentwicklungen der 80er Jahre mit dem Carrera 4 ihr Endstadium erreicht?

Sie haben einen hohen Stand der Reife erreicht, aber die Entwicklung geht weiter. Der Carrera 4 ist – nach dem in limitierter Stückzahl gebauten 959 – der erste Porsche-Serienwagen mit Allradantrieb. Er wird bestimmt nicht der einzige bleiben.

Have you also tested the so-called Torsen differential, where lockup effect is achieved by worm gears?

Yes, we tried that but the Torsen differential didn't prove durable enough for the high torque which our experimental cars produce. That is why we couldn't use it in.

Does all-wheel drive suggest new vistas and possibilities for the rear-engine principle?

I am convinced of that. One can cultivate handling in a manner which we wouldn't dream of with other means. Outstanding characteristics are evident on pass roads as well as at high speeds on freeways. Driving safety on rainy surfaces must be mentioned in particular. With our new solution for heating and air conditioning from an air-cooled, rear engine, we have not only matched this concept from the 30s to technical standards of the 90s, but achieved a whole row of new advantages. Among them I would also note reduced pedal and steering forces. I see an equally important improvement in the track-correcting rear axle, used for the first time in a rear-engine car. In the future we can also install self-leveling. Many details from this package come from our 959.

How would you rate the potential of the Carrera 4 versus rear-engined Carreras?

It will certainly animate many drivers to come to terms with all-wheel drive. With its many advantages it will win all-wheel-drive fans for us, who might never have been moved to try an all-wheel-drive car. The 959 certainly plays a role here too, since it wiped out many prejudices about all-wheel-drive sports cars. The Carrera 4 is perhaps an even more harmonic car, one which is a real pleasure to drive in every way. I have already decided that it must be my future private car.

Has Porsche all-wheel-drive development of the 80s reached its final stage in the Carrera 4?

It has achieved a high level of maturity, but development continues. The Carrera 4 is the first production Porsche with all-wheel drive – apart from the 959, built in limited numbers. It will certainly not remain the only one.

Weissacher Mechaniker und Techniker haben an der Entwicklung und Erprobung des 959 und des Carrera 4 großen Anteil. Links die Rennwerkstatt, rechts das Porsche-Team mit dem 961 in Le Mans.

Weissach mechanics and technicians played major roles in development and testing of the 959 and Carrera 4. Left: racing shop. Right: Porsche team with the 961 at Le Mans.

Voraussetzung für die Serien-Einführung des Carrera 4 ist die moderne Fertigungs-Technologie des neuen Zuffenhausener Karosseriewerks. Links einer der Schweißroboter, die auf höchste Genauigkeitsansprüche programmiert sind. Handarbeit und persönliche Kontrolle stehen bei dieser auf kleine Stückzahlen und individuelle Kundenwünsche ausgelegten Produktion nach wie vor an erster Stelle.

A prerequisite for production introduction of the Carrera 4 was modern assembly technology in the new Zuffenhausen body plant. Left: one of the welding robots programmed for high precision demands. Handwork and personal controls continue to occupy first place for production attuned to small numbers and customer wishes.

Friedrich Bezner

Projekt 964

Entwicklung und Erprobung des Carrera 4 in Weissach: Das unter der vertrauten Karosserieform weitgehend neukonstruierte Fahrzeug mußte umfangreiche Härtetests absolvieren.

Development and testing of the Carrera 4 at Weissach: the newly-designed vehicle under a familiar body shape underwent extensive and difficult testing.

Die Funktion des hauptamtlichen Projektleiters war 1979 gerade für alle drei Porsche-Baureihen – also Vier-, Sechs- und Achtzylinder – eingerichtet worden. Wichtigste Aufgabe des Projektleiters bei der Neu- oder Weiterentwicklung eines Fahrzeuges ist die Koordination zwischen den verschiedenen Abteilungen, die an dem Projekt beteiligt sind – zum Beispiel an der Konstruktion von Motor, Getriebe, Fahrwerk und Karosserie oder dem Fahrversuch. Dazu gehört aber auch die Kontrolle der Entwicklungskosten und die Abstimmung mit den Abteilungen in der Produktion, die später das Fahrzeug herstellen sollen.

Da ich schon vorher mit den „Vätern" des 911, besonders Herrn Bott und Herrn Falk, eng zusammengearbeitet hatte und selbst ein 911-Fan war, konnte es keine reizvollere und wohl auch keine aufregendere Aufgabe für mich geben, als an der Weiterentwicklung dieses einmaligen Fahrzeuges mitzuwirken. Zwar bestand vorübergehend die Absicht, nach dem Erscheinen des 928 die 911-Baureihe im Jahr 1982 einzustellen, aber ich glaubte daran nicht, und das noch stark zunehmende Interesse der Porsche-Kunden am 911 gab mir recht. Mein Aufgabengebiet wurde zwar umfangreicher, aber der 911 und seine Varianten stehen mit ihrem enormen Entwicklungspotential nach wie vor an erster Stelle.

Wir haben damals unter Professor Fuhrmann für unser „Auslaufmodell" den 204 PS-Motor entwickelt, der dem 911 dann wieder Auftrieb brachte. Als 1981 Peter W. Schutz zu Porsche kam und unser Cabrio-Projekt unterstützte, war die kritische Periode in der 911-Entwicklung überstanden, es ging wieder richtig los. Die reichlich vorhandenen Ideen wurden verwirklicht oder zumindest diskutiert. Dazu zählte auch der Allradantrieb.

Erstes öffentlich sichtbares Zeichen der Porsche-Allrad-Entwicklung war die Cabrio-Allrad-Studie von 1981. Im Februar 1981 wurde in Weissach ein Cabrio-Prototyp gebaut, der damals noch „Roadster" hieß. Nach der Freigabe des Projektes durch den Vorstand wurde das Cabrio mit Hochdruck weiterentwickelt. Zur gleichen Zeit befaßte sich die Entwicklungsabteilung mit dem Allradantrieb für den 911. Mit dem Aufbau des ersten Allrad-Prototyps „911 A 4" wurde am 6. Juli 1981 begonnen. Aufgrund dieses Fahreuges kam dann der Auftrag des Entwicklungschefs Professor Bott, ein Cabrio-Turbo-Allrad-Fahrzeug zu bauen. In dieser Form wurden Cabrio und Allradantrieb zusammen als Studie auf der Basis des 911 Turbo auf der IAA in Frankfurt vorgestellt. Der Wagen war kurz vor der Eröffnung am 10. September 1981 fertig – er hatte die

Erste Styling-Studien für das Projekt 964 (links und rechts außen).

First styling studies for Project 964 (left and right outside).

Friedrich Bezner

Project 964

The post of senior Project Director had just been introduced in 1979 for each of the three Porsche model ranges – four-, six- and eight-cylinder cars. Most important responsibility of a Project Director during new- or further-development of a car is coordination between the various departments involved with that project – for instance, design of engine, gearbox, chassis and body, or driving tests. Control of development costs and coordination with production departments which will build the eventual car are also part of this process.

Since I had already worked closely with the "fathers" of the 911, particularly Mr Bott and Mr Falk, and was a 911 fan myself, there couldn't have been a more interesting, even exciting, job for me than to be involved in ongoing development of this unique automobile. It's true that there was a period, following appearance of the 928, when they said 911 production would be halted in 1982, but I wasn't so convinced of that and sharply increased Porsche customer interest in the 911 proved me right. My area of responsibility was, in fact, enlarged but the 911 in all its variations, with its enormous development potential, remains as always in first place.

At that time, under Professor Fuhrmann, we developed a 204 HP engine for our "to-be-discontinued" model which then gave the 911 yet another boost. When Peter W. Schutz joined Porsche in 1981 and supported our cabrio project, the critical period of 911 development was behind us and we could work at full revs again. A wealth of ideas already on hand was discussed if not implemented. All-wheel drive was also part of that process.

The first publically-visible indication of Porsche all-wheel-drive development was the cabrio all-wheel-drive study in 1981. A cabrio prototype was built at Weissach in February 1981 and called the "Roadster." Once the Board gave its approval to the project this cabrio underwent intensive further development. At the same time the Development Department was involved with all-wheel drive for the 911. Assembly of the first all-wheel-drive prototype, "911 A 4," began on 6 July, 1981. Based on this car, Development Director Professor Bott then assigned construction of the Cabrio Turbo all-wheel-drive car. Cabrio and all-wheel drive were combined in this form as a study based on the 911 Turbo and presented at the IAA (auto salon) in Frankfurt. That car was finished shortly before the show opened on 10 September,

funktionsfähige Allradtechnik, war allerdings nicht voll fahrfähig, weil auf Wunsch von Professor Porsche aus stilistischen Gründen der Heckflügel weggelassen wurde, in dem der Ladeluftkühler des Turbo untergebracht ist. Als das Publikum der IAA auf das Cabrio sehr positiv reagierte, wurde zunächst der offene 911 zur Serienreife weiterentwickelt – auf Basis des normalen 911 mit Saugmotor und ohne Heckflügel. Am 6. Oktober 1982 verließ das erste Serien-Cabrio den Zählpunkt 8 am Ende des Zuffenhausener Produktionsbandes.

Obwohl zunächst das Cabrio realisiert wurde, wurde auch die Allrad-Entwicklung seitdem weiterverfolgt. Der erste Allrad-Prototyp war am 2. September 1981, also noch vor der IAA, fahrbereit. Mit diesem Fahrzeug wurden Anfang 1982 Fahrversuche auf der Turracher Höhe durchgeführt – unter Mitwirkung von Herbert Linge und, als Gast, dem Rallyefahrer Walter Röhrl. Damals wurden auch schon verschiedene technische Lösungen erprobt, darunter ein Freilauf im Vorderradantrieb und verschiedene Momentenverteilungen. Der Allradantrieb war von Anfang an als ständiger Antrieb aller vier Räder vorgesehen, also nicht zuschaltbar wie bei den früheren Schwimmwagen oder bei den ersten japanischen Allrad-Autos.

An die Entscheidung, einen Allrad-911 serienmäßig zu bauen, wurde damals noch nicht gedacht. Zwar wurde unser Versuchsfahrzeug schon bald von „auto motor und sport“ fotografiert und auf der Titelseite veröffentlicht, aber die Absatzchancen für ein Allradfahrzeug wurden noch skeptisch beurteilt. Aber aus diesem Wagen entstand die Idee zum 959, der zunächst als Rallye-Wagen für die Gruppe B gedacht war. Der Prototyp wurde auf die neukonstruierte Doppelquerlenker-Vorderachse umgebaut und als Vorversuchsauto für den 959 verwendet.

Für die Rallye Paris–Dakar 1984 wurden in der Sportabteilung Fahrzeuge mit Allradantrieb, 911-Saugmotor und 911-Karosserie neu aufgebaut. Mit diesen Wagen nahm Porsche dann erstmals erfolgreich an der gefürchteten Afrika-Rallye teil, in der bis dahin die Geländewagen dominierten. Die weiteren Allrad-Versuche von 1983 wurden bereits mit dem 959 gefahren, der erstmals bei der Pharaonen-Rallye in Ägypten Ende 1984 erfolgreich eingesetzt wurde.

Im ersten Entwurfsstadium kann die Phantasie noch frei walten. Wenn die realisierbaren Entwürfe herausgefiltert sind, beginnt die Arbeit am Detail.

Fantasy has free play in the first design studies. Once realizable designs are filtered out, work on details can begin.

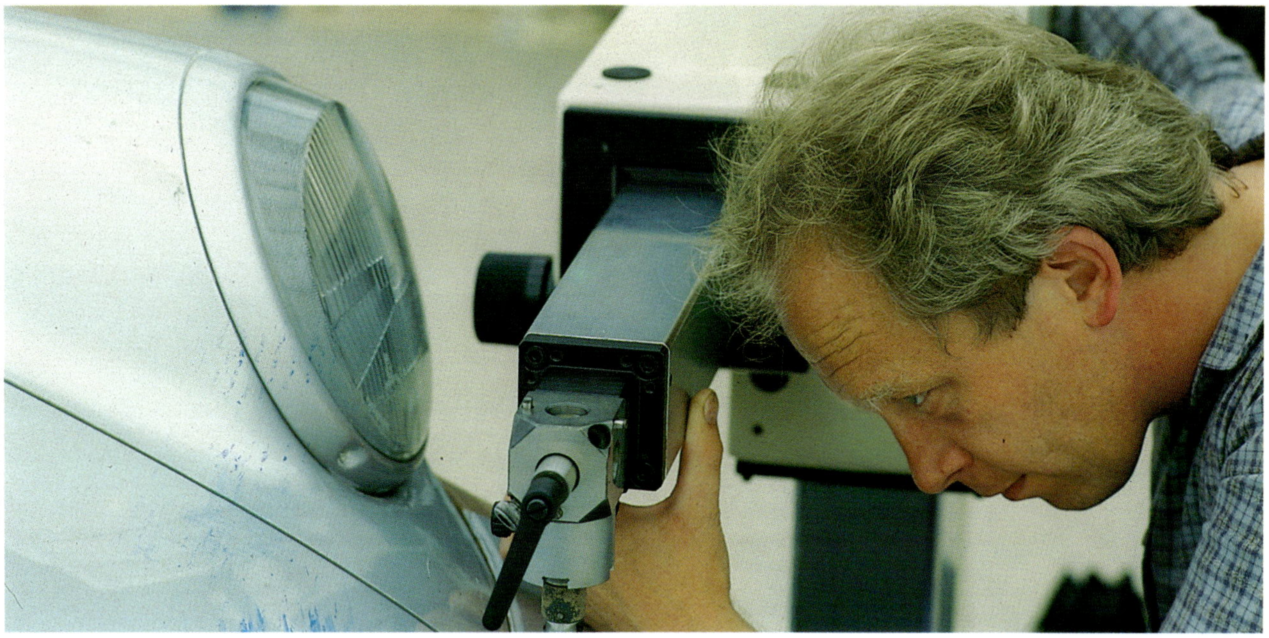

BB·PW 172

1981 – it had functional all-wheel-drive technology but was not actually drivable in the full sense because the rear wing, which carries an intercooler for the turbocharger, had been left off for styling reasons, at the request of Professor Porsche. When the public reacted very positively to this cabrio at the IAA, the open 911 was first developed further, to production levels, based on a normal 911 with unblown engine and without rear wing. The first production Cabrio passed station 8 at the end of the Zuffenhausen production line on 6 October, 1982.

Although the Cabrio was finished first, all-wheel-drive development has been pursued as well, since that time. The first all-wheel-drive prototype was ready to drive on 2 September, 1981, before the IAA in fact. Driving tests were made on Turracher Höhe with this car in early 1982 – with the cooperation of Herbert Linge and rallye driver Walter Röhrl as guest pilot. At that time various technical solutions had already been tried, including freewheeling in the front-axle drive and various torque splits.

At that time no decision had yet been made to build a production all-wheel-drive 911. It's true that our experimental car was soon photographed by the magazine *auto motor und sport* and presented on their cover, but marketing chances for an all-wheel-drive car were still viewed with skepticism. Still, this car led to the idea of the 959, originally conceived as a rallye car for Group B. Its prototype was converted to the twin-wishbone front axle and used as a test bed for the 959. Cars with all-wheel-drive, normally-aspirated 911 engines and 911 bodywork were built by the sports department for the 1984 Paris-Dakar Rallye. Using these cars Porsche entered the daunting Africa event successfully, for the first time, a realm where off-road vehicles had previously been dominant. Further all-wheel-drive tests in 1983 were carried out with the 959, first entered and successful for the Pharaohs Rallye in Egypt at the end of 1984.

On 23 March, 1984, a Board meeting issued the order to begin development on an all-wheel-drive version of the 911 Carrera, under type number 964. The 959 had been intended from the beginning for limited numbers, to

Am 23. März 1984 wurde in einer Vorstandssitzung der Auftrag erteilt, unter der Typennummer 964 mit der Entwicklung für eine Allradversion des 911 Carrera zu beginnen. Der 959 war von Anfang an nur in begrenzter Stückzahl vorgesehen, um die Bedingungen der Sport-Homologation zu erfüllen. Das Projekt 964 dagegen war dazu bestimmt, den ersten Allrad-Seriensportwagen von Porsche auf den Markt zu bringen.

Dabei wurde auf die Vorarbeiten am 911 zurückgegriffen. Das erste Fahrzeug von 1981 hatte noch kein starres Transaxle-Rohr, sondern ein Gleichlaufgelenk zwischen Transaxle und Getriebe, weil beim 911 Motor und Getriebe nach vorn geneigt eingebaut sind. Im 959 bilden Motor und Antriebswelle eine Gerade, und diese später in der Allrad-Studie von 1981 verwendete Lösung wurde dann auch im 964 verwendet. Das Transaxle ließ sich im 911, wie die ersten Versuchswagen zeigten, nur durch einschneidende Änderungen der Karosserie einbauen. So war es von vornherein klar, daß der 964 eine andere Bodengruppe erhalten mußte.

Anders als beim 959 wurde beim 964 ein Mitteldifferential mit fester Momentenverteilung vorgesehen. Das Antriebsmoment wurde aufgrund der gegebenen Gewichtsverteilung stärker zur Hinterachse verteilt. Mit dem damals üblichen Verhältnis von 50 : 50 kamen wir beim Hecktriebler, der ja schon leer mehr als 50 Prozent auf der Hinterachse hat, nicht aus. Wenn wir nur 42 Prozent des Gewichts vorn haben, dann führen schon 50 Prozent Antriebskraft vorn zur Charakteristik eines Fronttrieblers, die weder wir noch unsere Kunden sich für den 911 wünschten. Wir wollten ja aus unserem Heckmotorauto keinen Frontriebler machen.

Bei der Entscheidung 1984 kannten wir also schon viele Voraussetzungen. Wir wußten, es wird ein Transaxle, und wir wußten auch, daß der Antrieb wegen der späteren Montage am Band von unten eingebaut werden mußte. Wir wußten, daß wir eine konstante Momentenverteilung haben würden. Die Bandbreite, innerhalb deren sie sich bewegte, begann bei 30 Prozent vorn und 70 Prozent hinten und reichte bis zu 40 Prozent vorn und 60 Prozent hinten. Zusätzlich war eine Längskupplung vorgesehen, auch wurden Versuche mit Frei-

In Nordschweden hat die Versuchsabteilung eine eigene Werkstatt eingerichtet. Während der Versuchsfahrten werden Daten telemetrisch in den Meßraum übermittelt.

The experimental department has set up its own workshop in northern Sweden. During test drives data is transmitted to the measurement center by telemetry.

fulfill the requirements of sports homologation. Project 964, on the other hand, was conceived as a means of putting a first all-wheel-drive production sports car from Porsche on the market.

Here they reached back to previous 911 work. The first car from 1981 didn't have the rigid transaxle tube, but rather a constant-speed joint between transaxle and gearbox, because engine and gearbox are installed with an inclination to the front. For the 959, engine and drive shaft are in one plane and this solution, later used in the 1981 all-wheel-drive study, was then applied to the 964. This transaxle could only be fitted to the 911, as first test cars indicated, when decisive changes were made to the bodywork. Thus it was clear from the first that the 964 must have a different body platform.

Unlike the 959, a center differential with fixed torque split was planned for the 964. Torque split was biased towards the rear axle, due to the given weight distribution. A 50 : 50 split, common practice then, didn't suffice since our rear-engined car already had more than 50 percent of its empty weight on the rear axle. With only 42 percent of the weight in front, shifting 50 percent of our tractive force forward would have provided the characteristics of front-wheel drive, which neither we nor our customers wanted. After all, we didn't want to convert our rear-engined car into a front-drive model. We were already aware of several prerequisites when making the 1984 decision. We knew the car would have a transaxle and we also knew that its driveline must be installed from below, to suit later production on the assembly line. And we knew that we would have constant torque split. The range within which this moved began at 30 percent in front, 70 percent to the rear and reached up to 40 percent front, 60 percent rear. In addition, a center clutch was planned, while experiments with free-wheel solutions were made too. This center clutch was to be either a viscous coupling or a controlled, multi-disk clutch which would make it possible to regulate drive depending on conditions.

A planetary gear set was installed as center differential, where ratios could be varied via changing distances to the shaft center. A

laufllösungen gemacht. Die Längskupplung sollte als Viskokupplung oder geregelte Lamellenkupplung die Möglichkeit geben, den Antrieb aufgrund der Fahrbedingungen zu steuern.

Als Längsdifferential wurde ein Planetenradsatz eingebaut, bei dem durch die unterschiedlichen Abstände zur Wellenmitte die Übersetzung variiert werden kann. Die nach den guten Erfahrungen mit dem 959 zusätzlich eingebaute Lamellenkupplung hat gegenüber der Viskokupplung den Vorteil einer Eingriffsmöglichkeit für die elektronische Steuerung. Das Zentraldifferential hat für die Praxis den Vorteil, daß selbst bei minimaler Geschwindigkeit, zum Beispiel beim Wenden auf einem steilen Weg im Gebirge, der Allradantrieb erhalten bleibt. Beim 959 wird der Vorderradantrieb im Rangierbetrieb abgeschaltet. Beim 964 wurden in das Paket „Allrad" noch weitere Neuerungen mit hineingepackt, darunter die geregelte Luftheizung mit integrierter Klimaanlage, die beim normalen 911 ohne größere Karosserieänderungen nicht verwirklicht werden konnte. Der Doppelzündungsmotor kam erst später hinzu.

Schon 1984 stand fest, daß mit dem 964 ein Facelift verbunden würde. Hierfür sprachen sowohl technische Notwendigkeiten wie die Unterbringung des Frontantriebes als auch die angestrebte Verbesserung der Aerodynamik. Nach ersten Studien mit einem Facelift unterhalb der Linie Stoßstange-Kotflügel-Türkante erwies sich die heutige Lösung als sinnvoller, bei der auch die Stoßstangen mit einbezogen sind.

Natürlich ist immer auch der Wunsch da, ein komplettes Facelift vorzunehmen. Aber das ist nicht nur eine Kosten- und Zeitfrage, sondern eine Sache, die man sich sehr gut und sehr lange überlegen muß. Wir erhielten auf entsprechende Umfragen bei den Händlern und bei unseren eigenen Kundenkontakten immer die Antwort: „Nur den Elfer nicht verändern!" Wenn man hörte, daß sich am 911 etwas ändern sollte, waren stets die Bedenken größer als der Wunsch nach Neuerungen. Wenn man ein komplett neues Auto baut, taucht auch immer die Frage auf: „Wie kommt es an?". Darum muß man es sich gut überlegen, ehe man die Kosten für große Änderungen in Kauf nimmt. Würden wir zum Beispiel die Seitenteile ändern, dann müßten wir unterschiedliche Teile für Coupé, Targa und Cabrio vorsehen – das sind alles Dinge, die hohe Investitionen erfordern. Natürlich gab es eine Menge Vorschläge der Styling-Abteilung. Eine komplett neue Karosserie wurde zwar diskutiert, aber nicht in die Planung einbezogen, weil das Feedback von den Händlern und Kunden eindeutig für die bisherige Elfer-Form sprach.

So fiel die Entscheidung zugunsten einer Lösung, bei der sich zwar das Gesicht änderte, aber der Charakter des 911 beibehalten wurde. Bug und Heck wurden ruhiger in der Gestaltung und enthalten nicht mehr so viele verschiedene Elemente. Der Allradantrieb erforderte außerdem eine neue Struktur am Wagenboden. Deshalb wurde die Einführung des Carrera 4 – so die erst später festgelegte offizielle Bezeichnung des als 964 entwickelten Fahrzeuges – mit dem Anlauf des neuen Zuffenhausener Karosseriewerks zusammengelegt. So konnten umfangreichere Neuerungen einbezogen werden als zunächst geplant war.

Im Innenraum wurde optisch möglichst wenig verändert. Die fünf Rundinstrumente, ein 911-Markenzeichen, sehen aus wie bisher, sind aber völlig neue Instrumente in Durchlichttechnik. Die Konsole und der Schalthebel mußten wegen des größeren Tunnels geändert werden und sind bei dieser Gelegenheit gefälliger und griffgünstiger geworden. Gegenüber dem 959 fiel der Mitteltunnel niedriger und zierlicher aus, so daß der ohnehin kleine Innenraum nicht durch einen wuchtigen Tunnel in zwei Sitzschalen aufgeteilt wird. Das Transaxle wurde so tief wie möglich eingebaut. Die Handbremse sitzt nicht so hoch wie beim 959 und läßt sich besser bedienen. Auf den ersten Blick fällt daher kaum auf, daß der Mitteltunnel größer ist als im normalen 911. An der Sitzanlage selbst wurde nichts geändert.

Völlig neu, wenn auch unsichtbar, ist dagegen die Innenraumdämmung. Das Geräuschdämmungssystem unter den Teppichen besteht aus Formteilen, deren Wirkung in einer aufwendigen Entwicklungsarbeit so optimiert wurde, daß die typische Akustik beibehalten, aber das Geräuschniveau deutlich gesenkt wird.

Es zeigte sich im Lauf der Entwicklung, daß die Erfüllung der Bedingungen des 1984 erstellten Lastenheftes in großem Umfang Neukonstruktionen erforderte. Beim endgültigen

Willkommene Versuchsbedingungen: Neuschnee auf der ebenen Fläche eines zugefrorenen Sees.

Welcome test conditions: new snow on the smooth surface of a frozen lake.

BB PW 179

BB TV 7

Für fahrdynamische Untersuchungen bietet der schwedische Winter ideale Bedingungen.

Swedish winter offers ideal conditions for dynamic driving tests.

multi-disk clutch, installed following fine experience in the 959, has the advantage over a visco-clutch that electronic control can act on it. The center differential has the practical advantage that even at minimum speeds, when turning around on a steep path in the mountains for instance, all-wheel-drive remains operative. Front-wheel drive of the 959 is cut out during tight maneuvers.

Further novelties were added to the 964, "all-wheel-drive" package, including controlled air heating with integrated air conditioning which could not be developed for the 911 without major bodywork changes. The twin-ignition engine was only added later.

It was already firm in 1984 that a face-lift would be combined with the 964. Technical factors such as the necessity for including front-wheel drive, as well as desired aerodynamic improvements, all spoke for this. Following initial studies of a face-lift below the bumper-fender-door edge line, today's solution proved more sensible, with the bumpers included.

A desire always exists, of course, to carry out a complete face-lift. This is not only a matter of costs and time, however, but something which must be thought through very fully and thoroughly. From relevant polls of our dealers and from our own customer contacts we repeatedly received the answer: "Do not change the nine-eleven." When we did hear suggestions for changes on the 911, reservations were always greater than any wish for novelty. When you build a completely new automobile, the question always arises: "How will it be accepted?" That is why one must give very thorough consideration to all sides before accepting the costs of major changes. If we were to alter the sides, for instance, then different parts for Coupé, Targa and Cabrio would have to be provided – and those are all matters requiring steep investments. There were a great many suggestions from the Styling department, of course, and many drawings which we did consider. A complete new body was indeed discussed but never included in actual planning, because the feedback from dealers and customers was strongly in favor of the current nine-eleven shape.

Thus the decision was made for a solution where the face was indeed changed but the 911 character retained. Nose and tail became less busy in form, with fewer diverse elements. All-wheel drive also required a new platform structure. For this reason, introduction of the Carrera 4 – the later official designation of a vehicle developed as 964 – was coordinated with start-up of the new Zuffenhausen body plant. More extensive new features could be included that way than had been planned originally.

As little as possible was altered optically for the interior. Five round instruments, a 911 trademark, look the same but are actually completely new dials with backlit technology. Console and shift lever had to be altered because of the larger tunnel and the opportunity was taken to make them handier and more attractive. Compared to a 959 the central tunnel seems lower and smaller, so that the already-limited interior would not be divided into two seating tubs by a massive tunnel. The transaxle was installed as low as possible. The hand brake is not as high as that of a 959 and easier to use. At first glance it is hardly evident that the central tunnel is larger than one in a normal 911. Nothing was changed in the seating arrangement itself.

Interior insulation is completely new, although not visible. A sound deadening system under the carpets consists of formed parts whose effect was so optimized during development work that typical acoustics are retained but noise level considerably reduced.

During the course of development it became evident that a major amount of new design would be necessary to meet conditions of the project book established in 1984. In the final, production Carrera 4 only some 15 percent of all parts come from the previous 911, 85 percent of the parts are new. The fact that the skin above the bumpers – fenders, front lid and rear lid in altered form, side panels and roof – is among those parts carried over means that little of the basic updating of the car is visible at first glance: you are seeing the 15 percent which was carried over.

Complete rebuilding of body structure beneath the skin required extensive design work, where body rigidity, crash safety and

Bremsen unter erschwerten Bedingungen gibt Aufschluß über ABS-Funktionen und Fahrstabilität.

Braking under difficult conditions provides information on ABS functions and driving stability.

Serienfahrzeug Carrera 4 entsprechen nur noch etwa 15 Prozent der Teile dem bisherigen 911, 85 Prozent der Teile sind neu. Da die Außenhaut oberhalb der Stoßstangen zu den übernommenen Teilen gehört – also Kotflügel, Deckel vorn und in abgeänderter Form hinten, Seitenteile, Dach –, ist von der grundlegenden Erneuerung des Fahrzeuges auf den ersten Blick nicht viel zu erkennen: Man sieht die 15 Prozent, die übernommen wurden.

Die fast völlige Erneuerung der Karosseriestruktur unter der Außenhaut erforderte umfangreiche Konstruktionsarbeiten, bei denen besonders die Karosserie-Steifigkeit, die Crash-Sicherheit und das Gewicht optimiert werden. Ohne die heutigen Computer-gesteuerten Konstruktionstechniken wäre es nicht möglich gewesen, diese umfangreichen Detailarbeiten in so kurzer Zeit durchzuführen. Außer den Teilen für das Fahrzeug selbst mußten auch die Preßwerkzeuge und die Montage-Einrichtungen für das neue Karosseriewerk entwickelt werden. Der Carrera 4 wird dort zusammen mit dem 928 auf den gleichen Anlagen in einer Modellmix-Technik gebaut, die bisher im Automobilbau einmalig ist.

Die Zusammenarbeit der Weissacher Entwicklung mit den Zuffenhausener Produktionstechnikern betraf auch den Doppelzündungs-Motor, an dem über 80 Prozent der Teile neu sind. Der Kurbeltrieb wurde im Prinzip beibehalten, aber da der Hubraum geändert wurde, sind Kurbelwelle, Kolben und Zylinder sowie die Ansaug- und Abgasanlage neu. Hinzu

Allradregelung und ABS erfordern Präzisions-Meßausrüstungen und Funkübertragungsgeräte.

All-wheel-drive control and ABS require precision measuring equipment and radio transmitters.

weight in particular were optimized. Without modern, computer-controlled design techniques it wouldn't have been possible to carry out so much extensive detail work in such a short time. Apart from parts of the car itself, tooling and assembly units for the new body plant had to be developed as well. The Carrera 4 will be built there alongside the 928, on the same line, using model mix technology unique in automobile construction at this time.

Cooperation between Weissach development men and Zuffenhausen production technicians also included the twin-ignition engine where more than 80 percent of the parts are new. Crankshaft drive was retained in principle but since displacement was changed, crankshaft, pistons and cylinders, as well as intake and exhaust systems are new. Then there are new parts for the entire driveline, including transaxle and front-wheel drive, servo steering as well as wheel suspension plus spring and shock absorber units front and rear. When it came to the transaxle/all-wheel-drive driveline, valuable experience had already been gained during construction of the 959. The gearbox housing is identical to the previous production gearbox but hollow gearbox shafts for all-wheel drive are new. Final determination of the new nose shape depended on space for the oil cooler and air conditioner. Initially, cool-air intakes were planned on the sides, under the front panels. The condenser for a 911 was previously placed under the rear grate, which is part of

Die stille nordschwedische Landschaft wurde für einige Monate zur zweiten Heimat für das Versuchsteam. Für den Personal- und Teileaustausch sorgte ein Fahr- und Flug-Transferdienst.

The peaceful, north-Swedish landscape became a second home to the test team for several months. Road and air transfer service served personnel and parts exchange.

kommen als neue Teile die gesamte Kraftübertragung mit Transaxle und Vorderradantrieb, die Servolenkung sowie die Radaufhängungen und die Feder- und Stoßdämpfer-Einheiten vorn und hinten. Mit dem Bau der Transaxle-Allrad-Kraftübertragung wurden beim Bau des 959 bereits wertvolle Erfahrungen gesammelt. Das Getriebegehäuse ist zwar identisch mit dem bisherigen Seriengetriebe, die Getriebe-Hohlwellen für den Allradantrieb sind jedoch neu.

Die endgültige Festlegung der neuen Bugform war von der Unterbringung des Ölkühlers und der Klimaanlage abhängig. Hierfür waren zunächst Kühlöffnungen seitlich unten in den vorderen Verkleidungen vorgesehen. Der Kondensator liegt beim 911 bisher unterhalb des Heck-Gitters, das beim Carrera 4 ein Teil des ausfahrbaren Spoilers geworden ist. Um die Kondensatorleistung mit einem elektrischen Gebläse zu steigern und damit die Leistung der Klimaanlage zu verbessern, war im Heck nicht genug Raum vorhanden. Dieses Ziel wurde durch den Einbau im Bug schließlich ohne zusätzliche Kühlschlitze erreicht.

Der ausfahrbare Spoiler war von Anfang an Bestandteil des Lastenheftes. Da die Silhouette des Elfers beibehalten werden sollte, kam der feste Heckspoiler, der beim Carrera nur auf Sonderwunsch montiert und von vielen Kunden ausdrücklich nicht gewünscht wird, für den 964 nicht in Frage. Zwar lassen ihn beim Carrera etwa 25 Prozent der Käufer montieren, aber dies geschieht oftmals nicht wegen der Optik, sondern wegen der günstigen Auswirkung des Spoilers auf Abtrieb und Windempfindlichkeit. Beim Projekt 964 sollten diese aerodynamischen Vorteile ohne festen Spoiler erreicht werden.

Der Spoiler sollte beim 964 eine dreifache Aufgabe erfüllen: Verbesserung des c_w-Wertes von ca. 0,38 auf 0,32, günstige Beeinflussung der Richtungs-Stabilität durch verringerten Auftrieb an der Hinterachse, Verbesserung der Motorkühlung durch geänderte Druckverhältnisse im Heckbereich. Um diese Bedingungen zu erfüllen, mußte die Spoilerkante einen bestimmten Abstand von der Karosserie einhalten, der außerhalb der Fahrzeug-Silhouette lag. Dies war nur möglich, wenn als Serienausrüstung ein Spoiler eingebaut wurde, der bei einer bestimmten Geschwindigkeit ausgefahren und vor dem Stillstand wieder eingefahren werden konnte.

Hierfür hatte das Weissacher Styling-Studio bereits Vorschläge im Rahmen von Studien für den 928 parat. Für den 964 wurde dann die Idee geboren, als Spoiler einen Teil der Motorhaube zu verwenden, der durch ein Gestänge von einem Elektromotor nach hinten oben ausgefahren wird. Dabei wurde zugleich der Kühllufteintritt durch ein zusätzliches Lufteinlaßgitter vergrößert, das beim Ausfahren des Spoilers freigegeben wird. Eine kleine Lippe macht den Spoiler auch bei stehendem Fahrzeug erkennbar und erwies sich nach verschiedenen Versuchen als aerodynamisch günstig. Wie alle neuen Karosserieteile erhielt der

BB-PW 172

BB PW 172

Loser Schnee ermöglicht exakte Versuchsreihen zur Abstimmung von Fahrwerk und Antrieb.

Soft snow permits exact test series for adjustment of chassis and drive.

the extendable spoiler on a Carrera 4. There wasn't enough space in the tail to increase condenser output via an electric fan, thus improving output of the air conditioner. This goal was eventually achieved by installation in the nose, without additional cooling slits in the end.

The extendable spoiler was a fixture of the project book from the first. Since the silhouette of a nine-eleven was to be retained, the fixed rear spoiler, only mounted on the Carrera as a special option and clearly unwanted by many customers, could not be considered for the 964. It's true that some 25 percent of Carrera buyers order one, but that is often due not to looks but to the effect of the spoiler on lift and wind sensitivity. These aerodynamic advantages were to be achieved for the 964 project without a fixed spoiler.

The 964 spoiler was supposed to serve a triple purpose: improvement of the C_d figure from around 0.38 to 0.32, favorable effect on straight-line stability through reduced lift at the rear axle and improved engine cooling via altered pressure conditions around the tail. In order to meet these requirements, the spoiler lip had to be within a given distance from the body, lying outside the car silhouette. This was only possible when a spoiler used as a production element could be extended at a predetermined speed and retracted again before coming to a halt.

The Weissach Styling Studio already had suggestions ready, produced during studies for the 928. The idea was born of making the 964 spoiler part of the engine lid with a rod linkage operated by electric motor to extend it rear- and upwards. Cool-air entry would also be increased by an additional air intake grate, uncovered when the spoiler is extended. A small lip identifies the spoiler when the car is standing still and proved aerodynamically favorable during further tests. Like all new body parts, the spoiler achieved its current form and location only after many wind tunnel tests, evaluated in cooperation with the Styling Studio.

Since the effect of the spoiler is already evident at median speeds, extension was planned for 80 km/h. To avoid constant extension and retraction as speed varies, the retraction speed was set as low as possible. However, retraction should not occur after the car stops, to avoid the danger of somebody having a finger pinched by the spoiler, since its automatic retraction procedure can't be halted. A switch for extending and retracting the spoiler at a standstill as well was intentionally included for service and cleaning work in the engine compartment and designed so that the spoiler stops at any position if that switch is released. In case it is left extended during cleaning it will be automatically run through a full cycle again, once in motion.

Während der Versuchsfahrten wurde nach Möglichkeit jeweils der neueste Stand der Fahrwerks- und Karosserie-Weiterentwicklung berücksichtigt.

During test drives the latest level of chassis and body development is considered wherever possible.

Spoiler seine jetzige Form und Anordnung erst nach vielen Windkanalversuchen, die in Zusammenarbeit mit dem Styling-Studio ausgewertet wurden.

Da die Wirkung des Spoilers schon bei mittleren Geschwindigkeiten einsetzt, wurde das Ausfahren bei 80 km/h vorgesehen. Um ständiges Aus- und Einfahren bei wechselnder Geschwindigkeit zu vermeiden, liegt die Einfahrgeschwindigkeit so niedrig wie möglich. Das Einfahren sollte jedoch nicht erst im Stillstand stattfinden, um die Möglichkeit auszuschalten, daß sich jemand den Finger am Spoiler einklemmt, da der Vorgang des automatischen Einfahrens sich nicht stoppen läßt. Ein Schalter, mit dem der Spoiler auch im Stand ein- und ausgefahren werden kann, wurde bewußt als Serviceschalter für Wartungs- und Reinigungsarbeiten im Motorraum so eingebaut, daß der Spoiler beim Loslassen sofort in jeder Zwischenstellung stehenbleibt. Falls er nach dem Reinigen ausgestellt bleibt, wird er beim Fahren durch die Automatik wieder vollständig aus- und eingefahren.

Der Schwerpunkt der Versuchs- und Erprobungsarbeit lag trotz der umfangreichen sonstigen Neuerungen beim Allradantrieb. Die im Lastenheft enthaltene Forderung nach einer geregelten Längssperre zwischen Vorder- und Hinterachse wurde aufgrund der Erfahrungen mit dem 959 durch eine regelbare Quersperre an der Hinterachse ergänzt. Winterversuche haben seit den ersten Turrach-Fahrten immer wieder eine wichtige Rolle gespielt. Dabei ging es nicht nur um die Traktion, sondern auch um das Fahrverhalten, das sich auf glattem Untergrund besonders gut studieren läßt. Hinzu kamen Fahrversuche auf nasser und trockener Fahrbahn auf der Weissacher Prüfstrecke und auf dem Nürburgring.

Gerade das Fahrverhalten bei Nässe wurde sehr genau untersucht, denn hier bringt der Allradantrieb einen großen Gewinn. Insbesondere das Eindrehen beim Gaswegnehmen in Kurven wurde über die Quersperre beeinflußt und optimiert. Die Heckdominanz und die Momentenverteilung von 31 Prozent vorn und 69 Prozent hinten erwiesen sich bei Winterversuchen in den USA und in Schweden als die beste Lösung. Es wurden zwei weitere Momentenverteilungen erprobt: 33 : 67 und 36 : 64 Prozent.

Ein weiteres Entwicklungsziel war es, den Allradantrieb, anders als beim 959, so zu gestalten, daß der Fahrer sich – von der Traktions-Stellung abgesehen – nicht um die Einstellung zu kümmern braucht. Der 959 ist auf einen kleinen Kreis von Fahrern beschränkt, von denen viele an den verschiedenen Einstellmöglichkeiten interessiert sind und zusätzliche Hinweise aus ihren Erfahrungen gegeben haben. Der 959 wurde somit zum Maßstab, von dem bei der Entwicklung des Carrera 4 profitiert werden konnte. Die Steuerelektronik konnte beim Serienaggregat des Carrera 4 in die ABS-Elektronik integriert werden. Dies ergab einen Rationalisierungseffekt, der bei der kleinen 959-Stückzahl nicht möglich war.

Focus of test and development work, despite so many other novel features, lay with the all-wheel drive. The demand in the project book for regulated central lockup between front and rear axles was expanded to include a transverse lockup at the rear axle, based on experience with the 959. Winter tests again played an important role, as they have ever since original Turrach runs. Our object was not only improved traction but also better handling, which can be particularly carefully studied on a slippery surface. Then there were driving tests on wet and dry surfaces at the Weissach test facility and on Nürburgring. Handling in the wet was especially thoroughly investigated because this is where all-wheel drive produces the greatest gains. Turn-in when the throttle is released in a corner is influenced and optimized by the transverse lockup in particular. Tail dominance and torque split of 31 percent to the front, 59 percent rear, proved the best solution during winter tests in the USA and Sweden. Two other torque splits were tried: 33 : 67 and 36:64 percent.

A further development goal was to arrange all-wheel drive, unlike the 959, so that a driver doesn't need to bother about selection – apart from the traction position. The 959 is limited to a small circle of drivers, many of whom are interested in the various selection possibilities and have produced additional comments from their experience. Thus the 959 became a yardstick from which Carrera 4 development could profit. Control electronics for the Carrera 4 production unit could be integrated with ABS electronics. This produced a rationalization effect which wasn't viable with small 959 numbers.

During construction of the first prototype they already discovered a weight increase for all-wheel drive of around 100 kg. And they remained at the level of this acceptable increase. Of course other parts, such as servo steering, ABS, underbody coating and catalytic converter, all have their effect on Carrera 4 weight. The type-approval weight of 1450 kg does consider special fittings such as the electric sliding roof, which will be included in more than 50 percent of all cars built. Compared to a normal Carrera fitted with the same components, additional weight from all-wheel drive remains 100 kg.

Changes in suspension were one result, during the course of development. The front axle had to be changed in any case, to provide for front-wheel drive. The existing spring leg of a 911 is mounted precisely where drive shafts for the Carrera 4 pass to the wheels. Due to the very low nose, this mount could not simply be moved upwards.

Since existing spring travel was to be retained, many tests led to a rearwards tilt of the spring-shock leg as the best solution. The dual-wishbone axle of the 959 was considered but dropped for space reasons, since the nose luggage space was supposed to be retained. Light metal castings were used for axle

Schon nach dem Bau des ersten Prototyps wurde ein Mehrgewicht des Allradantriebs von ca. 100 kg ermittelt. Es ist bei dieser maßvollen Gewichtserhöhung geblieben. Zwar wirken sich im Carrera 4 noch andere Teile wie die Servolenkung, das ABS, die Unterbodenverkleidung und der Katalysator auf das Gewicht aus. Auch sind im Typisierungsgewicht von 1450 kg Sonderausstattungen wie das elektrische Schiebedach berücksichtigt, das zu über 50 Prozent in die Serienwagen eingebaut wird. Im Vergleich zu einem mit gleichen Komponenten ausgerüsteten normalen Carrera blieb es jedoch beim Mehrgewicht des Allradantriebes von 100 kg.

Die Änderungen an den Radaufhängungen ergaben sich im Lauf der Entwicklung. Die Vorderachse mußte auf jeden Fall geändert werden, um den Vorderachsantrieb unterzubringen. Das bisherige Federbein des 911 ist genau dort angelenkt, wo beim Carrera 4 die Gelenkwellen zu den Rädern laufen. Wegen des sehr niedrigen Vorderwagens konnte die Anlenkung nicht einfach nach oben versetzt werden.

Da die bisherigen Federwege auf jeden Fall beibehalten werden sollten, ergab sich nach vielen Versuchen die nach hinten geneigte Stellung der Feder-Dämpferbeine als beste Lösung. Die Doppelquerlenkerachse des 959 wurde zwar erwogen, kam aber aus Raumgründen nicht in Frage, da der Bug-Kofferraum beibehalten werden sollte. Für die Achsteile wurde Leichtmetallguß verwendet, um Gewicht zu sparen. Die Drehstabfedern konnten nicht übernommen werden, da der Einbauraum für den Achsantrieb benötigt wurde. Mit dem neuen Vorderwagen wurden sowohl in der Verformung beim Frontalaufprall als auch bei der Unterbringung von Kofferraum und Tank sehr gute Ergebnisse erreicht.

An der Hinterachse war es die notwendige Trennung des Hinterachsquerrohrs für das Transaxle, die das Abgehen von der Drehstabfederung erforderte. Weitere Gründe waren die vorspurkorrigierenden Hinterachslenker, die sich auf die Richtungsstabilität und das Lastwechselverhalten sehr positiv auswirken. Zusätzliche einschneidende Veränderungen am Hinterwagen ergaben sich durch die zur Geräuschminderung vorgesehene Kapselung des Motors und die Unterbringung der größeren Katalysator-Auspuffanlage mit neuen Wärmetauschern.

Gleichzeitig liefen die Dauerfahrversuche in Weissach. Auf der Buckelpiste geht es um die Belastbarkeit neuer Teile und Aggregate.

Endurance testing continued at the same time in Weissach. The durability of new parts and components was tested on the bumpy circuit.

Die Servolenkung harmonierte von Anfang an sehr gut mit den neuen Aufhängungen. Die manuelle Lenkung ohne Servo erfordert beim Carrera 4 wegen des höheren Gewichts vom Fahrer besonders beim Rangieren zu hohe Lenkkräfte und wird daher nicht angeboten.

Bei allen Änderungen mußten die Konsequenzen bedacht werden, die sich für andere Aggregate, für das Gewicht, aber auch für das Raumangebot ergaben. Es gehörte zu den Bedingungen des Lastenheftes, daß wir einen Front-Kofferraum beibehielten, wie er traditionell zum 911 gehört. Da zusätzlich das Antriebsgehäuse unterzubringen war, ließ sich der relativ flache Kofferraum des Carrera nicht beibehalten. Es sollten jedoch ein Standardkoffer mittlerer Größe oder eine normale Getränkekiste bzw. – bei einer Reifenpanne – ein plattes Hinterrad der Serienbereifung Platz finden. Als Anhaltspunkt wurde ein handelsüblicher Hartschalenkoffer in der Größe 75 x 55 x 22 cm verwendet. Eine räumliche Benachteiligung des Rechtslenkers gegenüber dem Linkslenker konnte vermieden werden.

Die wesentlichen Konstruktionsarbeiten und Vorversuche am Projekt 964 waren Ende 1985 abgeschlossen. Der erste Frontcrash-Versuch mit dem neuen Vorderwagen fand schon vorher, im März 1985, statt, das erste komplette Fahrzeug der Baustufe 1 war am 19. Dezember 1985 fahrbereit. Im Januar

Für die Fahrer sind diese Versuche keine Spazierfahrt. Sie arbeiten nach einem bewährten Einsatz- und Pausenplan.

These runs are no Sunday drive for testers. They work to a proven drive-and-rest plan.

components, to save weight. Torsion bar springs couldn't be carried over since installation space for the front transmission case was needed. Both deformation in a frontal accident as well as placement of luggage space and tank came out well with the new nose.

For the rear axle it was necessary to separate the transverse rear axle tube for the transaxle, which led to abandoning torsion bars. Further grounds were the toe-in-correcting rear axle arms which have a very positive effect on straight-line stability and load change behavior. Additional decisive changes at the rear resulted from noise reduction through planned encapsuling of the engine and space for the larger converter/exhaust unit with new heat exchangers.

Servo steering harmonized very well from the first with the new suspension. Manual steering without servo required too much steering effort of a Carrera 4 driver, especially when parking, due to higher weight, so it will not be offered.

With all changes, consequences had to be considered which arose for other aggregates, due to weight or even spatial needs. It was a condition of the project book that front luggage space be retained, as a traditional feature of the 911. Since a drive housing had to be fitted in as well, the relatively flat Carrera trunk couldn't be retained. But there had to be space for a standard suitcase of average size, a normal crate of drinks or – after a flat tire for example – a deflated rear

Heißes Gegenstück zu Schnee, Eis und Mitternachtssonne: Das Versuchsteam im Süden Europas. Die Fahrzeuge sind für Kühlungs- und Lüftungsmessungen präpariert.

Hot counterpoint to snow, ice and midnight sun: test team in southern Europe. Vehicles are prepared for cooling and ventilation measurements.

1986 kam das zweite Fahrzeug hinzu, mit diesem Wagen wurden die ersten Winterversuche in USA und Kanada gefahren. Später folgten weitere Versuche in Nordschweden, wo Versuchsstrecken auf der Straße und auf zugefrorenen Seen zur Verfügung standen. Der Schwerpunkt der Arbeiten verlagerte sich nun in die Versuchsabteilungen mit Prüfstands- und Fahrerprobungen. Im ganzen wurden 33 Prototypen des Typs 964 gebaut, außerdem noch zusätzliche, nicht voll fahrfähige Wagen für die vorgeschriebenen Crashversuche.

Die folgende Produktions-Vorserie konnte teilweise schon im neuen Zuffenhausener Karosseriewerk laufen und trug dort gleichzeitig zur Erprobung und Einstellung der Anlagen bei. Dabei war ein enges Zusammenwirken nicht nur zwischen Entwicklung und Produktion, sondern auch mit den Zulieferanten notwendig, die sich ebenfalls mit den Gegebenheiten des Carrera 4 erst vertraut machen mußten. Der Umgang mit den Kunststoffteilen an Front und Heck erfordert neue Verfahren bei Herstellung und Montage. Zwar hat Porsche in dieser Hinsicht durch den 928 schon sehr viel Erfahrung, aber der 964 bot Gelegenheit, neue Materialien und Materialkombinationen einzusetzen. Dies gilt auch für die neue, schräggestellte Heckleuchteneinheit, die durchgehend in Rot gehalten ist und beim Aufleuchten trotzdem die jeweils vorgeschriebenen Farbtöne aufweist.

Die Produktions-Vorserie gab auch Gelegenheit zu weiterer Feinarbeit an allen Teilen –

Dauertest mit Höchstbeanspruchung des Motors unter extremen thermischen Bedingungen: Langstrecken-Versuchsfahrten auf dem Hochgeschwindigkeits-Kurs von Nardo in Süditalien.

Maximum endurance demands on the engine under extreme thermal conditions: endurance tests on the high-speed Nardo course in southern Italy.

in diesem Stadium können noch Abstimmarbeiten und kleine „kosmetische" Operationen am Detail vorgenommen werden. Auch wird nach Möglichkeit auf die Vorschläge der Zulieferanten eingegangen, die beim Anlauf Erfahrungen sammeln und dann oft erst die Möglichkeit von Verbesserungen oder Vereinfachungen erkennen. Auch von den Mitarbeitern der eigenen Produktion kommen Vorschläge, die nach Möglichkeit in die Realität umgesetzt werden.

Die letzten 20 Fahrzeuge der Vorserie, die für die Pressevorstellung des Carrera 4 bestimmt sind, entsprachen bereits weitgehend dem Serienstand. So ergibt sich, nach fast einem Jahr der Produktions-Vorbereitung, ein gleitender Übergang von der Vorserie in die Serie. Für Porsche und für die Mitarbeiter in Entwicklung und Produktion ist der Serienanlauf, 25 Jahre nach der Premiere des 911, ein wichtiges und bedeutsames Ereignis.

wheel of standard tire size. Basis became a normal, hard-cover suitcase with the dimensions 75 × 55 × 22 cm. They also managed to avoid any spatial disadvantage for right-hand steering versus left-hand.

Virtually all basic design work and pre-testing for project 964 were completed by the end of 1985. First frontal crash tests with the new nose had already been done, in March, 1985, and the first complete car from pilot series 1 was ready to drive on 19 December, 1985. A second car was ready in January, 1986, and first winter tests in the USA and Canada were carried out with it. Later there were further tests in northern Sweden where test routes on roads and frozen lakes are available. Focus of work now shifted to various test departments, with test-bed and driver experiments. In all, 33 prototypes of the Type 964 were built, in addition to several partially-drivable cars for prescribed crash tests.

A following pilot series run was carried out in part at the new Zuffenhausen body plant where these cars simultaneously served testing and adjustment of facilities. Close cooperation was necessary, not only between Development and Production but also with suppliers who had to become familiar with features of the Carrera 4. Handling plastic parts for the nose and tail required new procedures in production and assembly. It is true that Porsche already had considerable experience in this direction through its 928, but the 964 offered an opportunity to introduce new materials and combinations of materials. This is also true for the new, angled rear light unit which appears red over its entire length but still produces prescribed colors when lit.

This pilot series also provided an opportunity for further fine-tuning of all parts – at this stage detail adjustments and small "cosmetic" operations can still be carried out. As far as possible, suggestions from suppliers are considered since they gather experience during the run-up and often only then discover possibilities for improvements or simplifications. Likewise, suggestions from colleagues on Porsche's own production team can be realized whenever feasible.

The final 20 cars of the pilot series, intended for the press presentation of this Carrera 4, are representative of the production model in almost all details. Thus a smooth transition is possible from pilot series to production, following nearly a year of preparation. For Porsche and for its employees in Development and Production, the launch of a new model, 25 years after the premiere of the 911, is an important and meaningful event.

Heinz Dorsch

Boxer mit Zukunft

Das 3,6 Liter Sechszylinder-Triebwerk des ersten Allrad-Seriensportwagens von Porsche hat mit dem traditionsreichen 911-Motor vieles gemeinsam. Jedoch wurden, wie bei Karosserie und Fahrwerk des Carrera 4, auch beim Motor trotz äußerlicher Übereinstimmung nur wenige Teile unverändert übernommen. Viele sind völlig neu, andere Details wurden den Anforderungen des neuen Fahrzeuges angepaßt.

Zu der Vielzahl von Evolutionen, die der 911-Motor in seiner mehr als 25jährigen Geschichte erlebt hat, kommt also eine neue hinzu. Ein wesentliches Merkmal dieses erfolgreichen Motors liegt in der getrennten Konstruktion der wichtigsten Baugruppen Kurbeltrieb, Motorsteuerung, Zylinder und Zylinderköpfe. Diese Eigenart ist auch ein Grund dafür, daß auf der Basis des Sechszylinder-Boxers erfolgreiche Renn- und Flugmotoren entstehen konnten.

Obwohl das Gebläse der Luftkühlung zusätzliche Leistung erfordert, zählten die 911-Triebwerke immer zur Spitzengruppe der Motoren mit höchster Literleistung. Das trifft auch für den neuen 3,6 Liter-Motor zu, der bei weiter verbesserter Umweltfreundlichkeit mit 184 kW/250 PS der bisher stärkste 911-Saugmotor ist.

Die Unterschiede beginnen bereits mit der flachen, nicht mehr nach vorn geneigten Einbaulage des Motors, die den Anschluß an das Transaxle zum Antrieb der Vorderräder ermöglicht. Hierdurch ergaben sich neue Bedingungen für die Ausnutzung des Motorraums und die Unterbringung der Abgasanlage, deren räumliche Nähe zum Motor beim 911 besondere Aufmerksamkeit hinsichtlich des Wärmehaushalts und der Geräuschentwicklung erfordert.

Es gehörte zur Zielsetzung, hohe Ansprüche an die Umweltverträglichkeit zu erfüllen. Der Carrera 4 ist mit modernster Abgasentgiftungs-Technologie ausgerüstet, er erfüllt die US-Standards und die neue EG-Richtlinie 88/76/EWG. Die Außengeräusche liegen unterhalb des Pegels von 77 dB(A). Diese Bedingungen einzuhalten, erforderte hohen Entwicklungsaufwand und großes Engagement aller Beteiligten.

Allein die Absenkung der Geräusche ist das Ergebnis eines ganzen Bündels von technischen Maßnahmen am Motor, das Arbeiten zur Entwicklung einer zur Unterboden-Verkleidung erweiterten Motor-Kapselung und die Neukonzeption einer auf das 1,4fache Volumen vergrößerten Schalldämpferanlage einschließt. Auf der rechten Motorseite wurde zusätzlicher Raum für die Schalldämpfung geschaffen. Die Umwandlung der Abgase erfolgt in der neuen Anlage in einem Katalysator mit Metallträger. Durch sein günstiges Erwärmungsverhalten und die geringe Alterung seiner Edelmetall-Beschichtung trägt er zur Verbesserung der Abgasemissionen bei, sein geringerer Abgasgegendruck ermöglicht zugleich die höhere Leistung des abgasentgifteten Motors. Der Metall-Kat bedeutet einen wichtigen Fortschritt in der Entwicklung der Abgasreinigung.

Die hohe Motorleistung zählte zu den Voraussetzungen bei der Entwicklung des Carrera 4. Sie wurde in erster Linie durch Hubraumvergrößerung, verbesserten Ladungswechsel und Doppelzündung erreicht. Das unvermeidbare Mehrgewicht des Allradantriebs wurde durch Zuwachs an Leistung und Drehmoment kompensiert, allein die Doppelzündung bringt eine Leistungserhöhung von zwei bis drei Prozent. Die Motorleistung liegt um 15 Prozent höher als beim 3,2 Liter Carrera-Motor mit Katalysator. Zu den ausgezeichneten Fahrleistungen des Carrera 4 und zum günstigen Kraftstoffverbrauch tragen außerdem die umfangreichen aerodynamischen Verbesserungen bei.

Heinz Dorsch

Boxer with a Future

The 3.6 liter, six-cylinder power plant of the first production, all-wheel drive sports car from Porsche has a great deal in common with the traditional 911 engine. Even so, and despite external similarities, this Carrera 4 engine, like the body and chassis, has taken over very few parts unchanged. Many are completely new, other details were suited to demands of the new vehicle.

In other words, the many evolutions which the 911 engine has undergone in its 25 year history, are now joined by yet another. A notable feature of this successful engine is the separate construction of its most important component groups such as crankshaft drive, engine control, cylinders and cylinder heads. This characteristic is one reason that successful race and aviation engines could be spun off the basic, six-cylinder boxer.

Although a cooling fan requires additional power, the 911 engine always did stand among the leaders for high liter output. That is also true for this new, 3.6 liter engine, the most powerful, normally-aspirated 911 engine to date, producing 184 kW/250 HP with further-improved environmental compatibility.

The differences begin immediately with the flat installation of an engine no longer tilted to the front, allowing connection to a transaxle for drive to the front wheels. This brought new conditions for engine space use and location of the exhaust system whose nearness to the 911 engine demanded special consideration regarding heat production and noise development.

One of the established goals was to meet elevated demands for environmental compatibility. This Carrera 4 is fitted with the latest exhaust decontamination technology, meeting both US and the new EC standards, 88/76/EWG. Exterior noise lies below the level of 77 dB(A). To maintain these conditions required high development outlays and total engagement from all concerned.

Noise reduction alone results from a whole package of technical measures around the engine, including work to develop an engine capsule extended as undertray sheath and a new concept for a muffler unit increased in volume by a factor of 1.4. Additional space for this muffler system was found to the right of the engine. In the new unit exhaust gas conversion takes place in a catalytic converter with metal matrix. Favorable warm-up behavior and low fatigue of its precious-metal coating helps to improve exhaust emissions, while lower exhaust gas back pressure simultaneously permits more power from the cleaner engine. Higher engine output was one of the prerequisites for development of the Carrera 4. Primarily this was achieved by enlarging displacement, improving charging and dual ignition. An unavoidable weight increase stemming from all-wheel drive is compensated by increases in power and torque. Dual ignition alone provides a power increase of two to three percent. Engine output lies some 15 percent above the 3.2 liter Carrera engine with catalytic converter. Extensive aerodynamic improvements also play a role in the exceptional performance of this Carrera 4 with improved fuel consumption.

Increasing displacement required extensive changes to many parts of the engine. The two-piece crankcase of pressure-cast aluminum received larger clearances for individual cylinders while cylinder head tie-down bolts were moved 2 millimeters to the outside. Despite stroke increased from 74.4 to 76.4 mm, modern computation and testing methods made it possible to reduce crankshaft weight by 2.2 kg, to 13.7, without affecting rigidity or mass balance. Higher gas and mass

CODAN-150-14-19 87

8"-CODAN-150-14-1987-51 751/05
XCR

Die Hubraumvergrößerung erforderte umfangreiche Änderungen an vielen Teilen des Motors. Das zweiteilige Kurbelgehäuse aus Alu-Druckguß erhielt einen größeren Einpass-Durchmesser für die Einzelzylinder, die Zylinderkopf-Zuganker wurden um 2 Millimeter nach außen versetzt. Trotz von 74,4 auf 76,4 mm vergrößertem Hub gelang es durch moderne Rechen- und Prüfmethoden, das Gewicht der Kurbelwelle um 2,2 auf 13,7 kg zu reduzieren, ohne daß dadurch die Steifigkeit und der Massenausgleich beeinträchtigt wurden. Die höheren Gas- und Massenkräfte erforderten einen Drehschwingungsdämpfer („Schwingungstilger"), der auf seiner Außenseite als Riemenscheibe für den Antrieb des Klimakompressors ausgebildet ist. Die Zylinder – mit einer kleinsten Wandstärke von 4,4 mm – erhalten eine zum Brennraum konisch kleiner werdende Bohrung. Durch die in Brennraumnähe höhere Temperatur und größere Ausdehnung wird somit während der überwiegenden Betriebszeit eine nahezu zylindrische Form der „Büchse", in der die Kolben laufen, erreicht. Dies ermöglicht ein Kolbenlaufspiel von weniger als 0,04 mm und bringt – neben anderen Vorteilen – eine Absenkung des Körperschalls von 20 dB.

Die Zylinder jeder Motorseite sind mit einer Brücke verbunden, die den Klopfsensor aufnimmt. Die geschmiedeten Kastenkolben wiegen trotz ihres großen Durchmessers (100 mm Bohrung) nur 650 Gramm, sie haben eine symmetrische Kolbenkrone und sind um 0,9 mm zur Druckseite hin desachsiert. Zum Ausgleich der Betriebstemperaturen haben Zylinder und Zylinderkopf metallischen Kontakt. Um die Kühlung zu verbessern, wurde die Zylinderkopf-Oberfläche um 17 Prozent vergrößert. Der Auslaßkanal wurde mit einem sogenannten Portliner aus Keramik ausgekleidet, der stark wärmeisolierende Wirkung hat. Der Zylinderkopf bleibt auf diese Weise kühler, die Abgase gelangen mit höherer Temperatur in den Katalysator, was dessen entgiftende Wirkung erhöht.

Die Geräusche aus der Motorsteuerung (Nockenwellen- und Ventiltrieb) haben einen hohen Anteil am Gesamtgeräusch, was einen lohnenden Ansatzpunkt zur Geräuschsenkung ergibt. Die beiden Doppelketten zum Antrieb der Nockenwellen werden nicht mehr durch Kettenräder, sondern durch Spann- und Gleit-

Die Doppelzündung brachte wesentliche Fortschritte im Leistungsverhalten des Motors und in der Abgasqualität.

Dual ignition provided clear advances in engine performance and in exhaust gas quality.

Zur vorigen Doppelseite: Der 3,6 Liter-Motor bietet unter der Haube auch optisch ein neues Bild.

Preceding double pages: the 3.6 liter engine presents a new look as well.

schienen aus Kunststoff geführt. Der direkt auf das Trägermaterial aufgespritzte Gleitbelag ist als U-Profil ausgebildet. Zwei an den Ölkreislauf angeschlossene Kettenspanner sorgen für gleichmäßige Kettenspannung und für die Dämpfung und Entkopplung der Schwingungssysteme Kurbel- und Nockenwelle. Magnesium-Kettengehäuse und Deckel sind zur Reduzierung der Körperschall-Abstrahlung über Gummielemente entkoppelt.

Die bewährte Trockensumpf-Schmierung des 911-Motors wurde beibehalten. Eine Druckpumpe liefert aus dem separaten Ölbehälter bis zu 65 Liter Öl in der Minute. Davon werden 17 Liter durch Düsen zur Kühlung an die Böden der sechs Kolben gespritzt. Rund 35 Liter pro Minute werden zur Schmierung der Haupt- und Pleuellager, rund 13 Liter für die Versorgung der Nockenwellenlager und der Kipphebelschmierung benötigt. Die Rückförderpumpe hat das 1,84fache Fördervermögen der Druckpumpe und sorgt damit für einen extrem niedrigen Ölstand im Kurbelgehäuse, so daß die Bewegung von Pleueln und Kurbelzapfen und der Druckausgleich unterhalb der Kolben nicht durch die Ölmenge behindert werden. Druck- und Rückförderpumpe befinden sich in einem gemeinsamen Gehäuse aus Magnesium und haben einen gemeinsamen Antrieb. Der Ölfilter liegt in der Rückförderleitung, die vom Motor nach vorn zum thermostatgesteuerten Ölkühler führt. Dieser steht in einer neuen Anordnung vor dem rechten Vorderrad, der Öltank ist vor dem rechten Hinterrad untergebracht.

Ein Meisterwerk der Raumausnutzung: Der hubraumgrößere und leistungsstärkere Motor mit der neuen Abgasanlage wurde im Heckabteil des Carrera 4 mit einer geräuschdämpfenden Teilkapselung untergebracht.

Masterpiece of space utilization: a larger-displacement and more powerful engine with new exhaust system was fitted into the rear of the Carrera 4, inside a noise-dampening capsule.

forces required a torsional vibration damper whose outer side is designed as a belt pulley for air conditioner compressor drive. The cylinders – with minimum wall thickness of 4.4 mm – received bores conically-reduced towards the combustion chambers. Due to higher temperatures and greater expansion in the area of the combustion chambers, an almost cylindrical form of the "liners" where pistons operate is achieved during the greater part of the operating period. This permits piston clearance of less than 0,04 mm and brings – along with other advantages – a reduction in body noise of 20 dB.

Cylinders on each side of the engine are connected by a bridge which carries the knock sensor. Forged box pistons weigh only 650 grams, despite their large diameter (100 mm bore), have a symmetric piston crown and are offset to the pressure side by 0.9 mm. To balance operating temperatures, cylinders and cylinder heads have metal-to-metal contact. To improve cooling, cylinder head surface was enlarged by 17 percent. The exhaust passage is fitted with a ceramic port liner with strong insulating effect. This keeps the cylinder head cooler, exhaust reaches the converter at higher temperatures to increase its scrubbing effect.

Noise from engine timing (camshafts and valve drive) makes up a large portion of the overall noise level and provides a worthwhile starting point for reductions. The two dual chains for camshaft drive are no longer guided

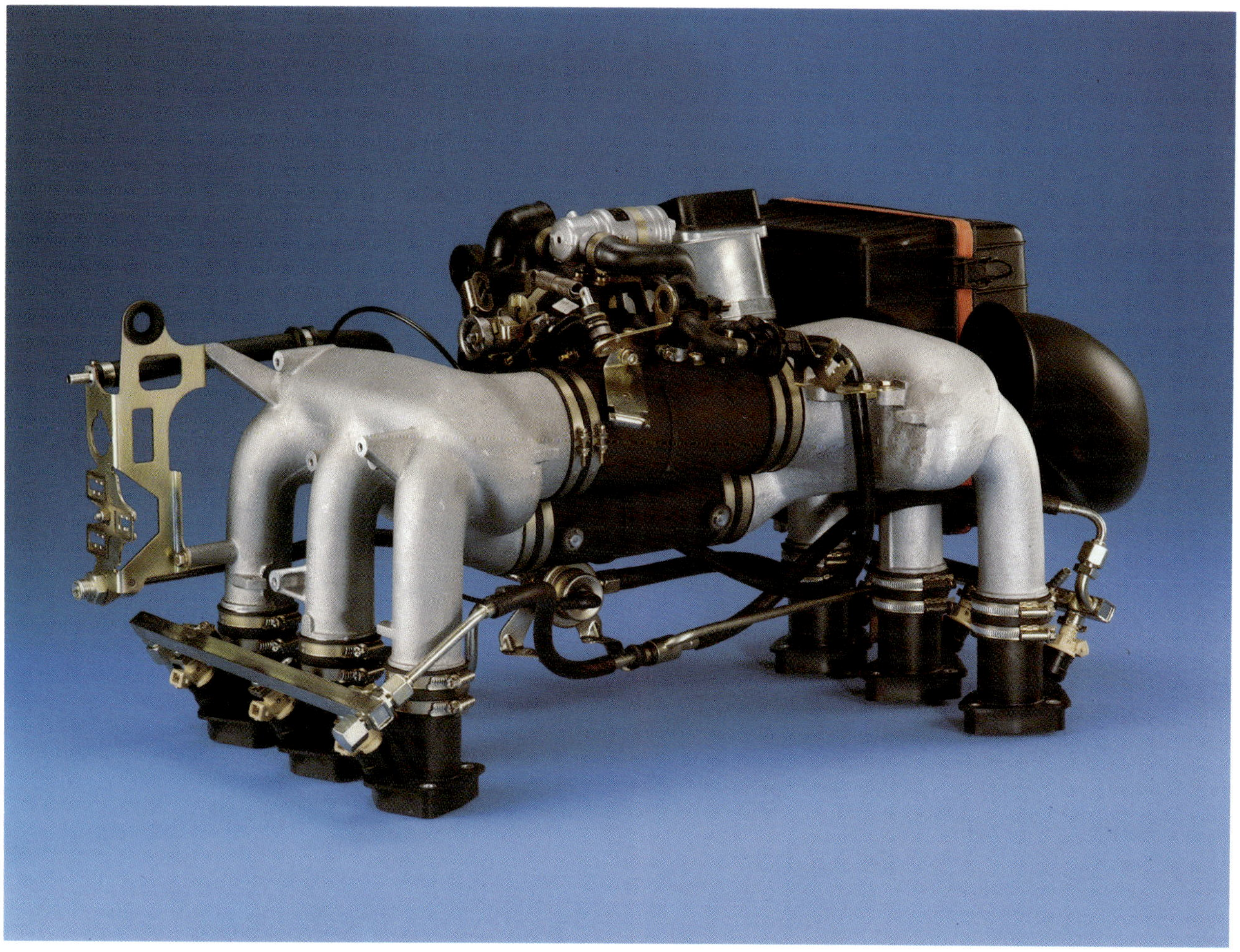

Zweistufige Resonanz-Ansauganlage: Die abwechselnd aus beiden Behältern angesaugte Luftmasse wird zu Schwingungen angeregt.

Two-stage, resonance intake system: air mass drawn alternately from both chambers is caused to vibrate.

Der grundlegend geänderte Zylinderkopf hat trotz der nunmehr zwei Zündkerzen pro Zylinder eine größere Kühlfläche als bisher. Der Gaswechsel konnte durch vergrößerten Ventilhub weiter verbessert werden. Der Wärmedurchgang und die Wärmeübertragung wurden durch Finite-Elemente-Berechnungen optimiert. Strömungsversuche mit einem Plexiglas-Modell im Wasserkanal unterstützen diese Optimierung. Die veränderte Kühlluftströmung, aber auch der größere Gegendruck der zur Unterbodenverkleidung erweiterten Teilkapselung des Motors, erforderten eine Neuauslegung des Kühlgebläses. Durch neue Schaufelauslegung und einen Leitapparat konnten die Gebläsedrehzahl um 4,2 Prozent reduziert und der beste Wirkungsgrad um 23 Prozent erhöht werden. Trotz der 15 Prozent Motor-Mehrleistung brachten alle diese Maßnahmen eine deutliche Absenkung der maximalen Temperaturen an Zylinderköpfen und Zylindern.

Die zweistufige Resonanz-Ansauganlage besteht aus zwei Behältern, die untereinander durch zwei Resonanzrohre – von unterschiedlichem Querschnitt – und mit dem Motor über die sechs Ansaugrohre verbunden sind. Die Luft wird über den Drosselklappen-Stutzen am größeren Rohr zugeführt, das kleinere ist an einem Rohrende durch eine Klappe zu- und abschaltbar. Entsprechend der Zündfolge wird abwechselnd aus den beiden Behältern angesaugt, wobei die Luftmasse zum Schwingen angeregt wird. Die Resonanz entsteht, wenn die Saugfrequenz einer Zylinderreihe mit der Eigenfrequenz der Druckschwingung im dazugehörigen Behälter übereinstimmt. Dafür muß die Zeitspanne einer Kurbelwellenumdrehung gleich der 1,5fachen Dauer der Druckschwingung sein. Entscheidend für die Eigenfrequenz sind die Gesamtlänge der Rohre, die Aufteilung in Saugrohr- und Resonanzrohrlänge sowie die Behältertiefe in Strömungsrichtung.

Die Abgase werden über die beidseitigen Abgaskrümmer und ein Zwischenrohr auf der linken Motorseite in den Abgaskatalysator und von dort in den Mittel- und Hauptschalldämpfer geführt. Die gesamte, direkt am Motor befestigte Anlage ist neu gestaltet – so dient zum Beispiel die bisherige sogenannte „Banane“ nun als Mittelschalldämpfer. Im Dreiweg-Katalysator werden statt der üblichen Keramik-

by chain wheels but controlled by tensioners and slides of plastic. The rubbing surface, sprayed directly onto its carrier material, has a U profile. Two chain tensioners integrated into the oil circulation system see to even chain tension, while dampening and decoupling the crankshaft and camshaft vibration systems. The magnesium chain housing and lid are isolated from one-another by rubber elements to reduce body noise emissions.

Proven dry-sump lubrication from the 911 engine is retained. A pressure pump delivers up to 65 liters of oil per minute from the separate tank. Of this, 17 liters is squirted into the crowns of the six pistons by jets, for cooling. Around 35 liters a minute lubricate main and con-rod bearings, some 13 liters are necessary to service camshaft bearings and rocker arm lubrication. The return pump has 1.84 times the capacity of the pressure pump, ensuring an extremely low oil level in the crankcase so that movement of rods and crank pins and pressure equalization beneath the pistons will not be hampered by oil. Pressure and return pumps occupy a common magnesium housing with common drive. An oil filter is found in the return line running forward from the engine to a thermostatically-controlled oil cooler. This is mounted in a new position ahead of the right front wheel, the oil tank is located ahead of the right rear wheel.

The basically-altered cylinder head has more cooling surface than before, despite two spark plugs per cylinder. Gas exchange could be improved further by increased valve lift. Heat flow and heat transfer are optimized according to finite element computation. Flow tests with a Plexiglas model in a water canal supported this optimization. Altered cool air flow, but also greater back pressure caused by the partial encapsuling of the engine, extended to an undertray sheath, required a new layout for the cooling fan. Using new blade design and direction apparatus, fan revs could be reduced by 4.2 percent and ideal efficiency increased by 23 percent. Despite 15 percent more engine performance, all these measures produced a clear reduction in maximum temperatures for cylinder heads and cylinders.

The two-stage, resonance intake manifold consists of two chambers connected with one another by two resonance pipes of varying cross sections – and with the engine by six intake pipes. Air is directed to the larger pipe via a throttle housing while the smaller can be cut in or out by a flap at the end of its tube. Depending on ignition timing, intake draws alternately from both chambers, which causes pulsation in the air mass. Resonance occurs when the intake frequency of a cylinder row matches the inherent frequency of pressure waves in the relevant chamber. For this, the time span of one crankshaft revolution must equal 1.5 times the pressure wave. Overall length of the tubes, division between intake and resonance tube lengths and chamber depth in the direction of flow are decisive for inherent frequencies.

Exhaust gas flows through manifolds on each side and an intermediate pipe on the left side of the engine to the exhaust gas converter and from there to the middle and main mufflers. This complete unit, fastened directly to the engine, is newly designed – for instance, the previous, so-called "bananas" now serve as middle muffler. For the first time, the three-way catalytic converter of the Carrera 4 uses a metallic matrix rather than the usual ceramic one. Durability of this S-shape matrix has been proven during extensive experiments and endurance tests. Since it requires no additional "wrapping," it offers around 15 percent more exhaust gas flow cross section compared to a ceramic matrix of the same external diameter and thus considerably lower exhaust back pressure. A double housing with isolating air space in the area of the matrix reduces thermo-shock loads from water splashes as well as surface temperatures. At the same time it improves heat retention so that the converter can function again immediately following a brief off period. In conjunction with a new, high-temperature-resistant coating, a heated, splash-proof Lambda sensor and adaptive Lambda control – considering peripheral conditions at any moment – this unit fulfills the stiffest existing exhaust standards, despite its small catalytic converter volume. Resistance to aging has been improved even more compared to the earlier, proven unit.

Bosch Motronic, used for "engine management," has been extended by new functions: sequential control of injection valves, Lambda

träger im Carrera 4 erstmals Metallträger eingesetzt. Die Haltbarkeit der S-förmig gewikkelten Träger wurde in umfangreichen Versuchen und Dauerläufen nachgewiesen. Da sie keine zusätzliche „Verpackung" erfordern, ergibt sich im Vergleich zu Keramikträgern bei gleichem Außendurchmesser ein um 15 Prozent größerer Abgas-Strömungsquerschnitt und damit ein wesentlich kleinerer Abgas-Gegendruck. Ein Doppelmantel mit isolierendem Luftspalt im Bereich der Träger reduziert die Thermoschock-Belastung durch Spritzwasser und die Oberflächentemperatur. Zugleich verbessert er die Wärmerückhaltung, so daß der Katalysator nach kurzfristigem Abstellen seine Funktion sofort wieder erfüllen kann. In Verbindung mit einer neuen, hochtemperaturbeständigen Beschichtung, einer beheizten, tauchfesten Lambda-Sonde und adaptiver, also die jeweiligen Motor-Randbedingungen berücksichtigende, Lambda-Regelung erfüllt diese Anlage trotz ihres kleinen Katalysator-Volumens die strengsten Abgasnormen. Ihre Alterungsbeständigkeit hat gegenüber der früheren nochmals deutlich zugenommen.

Die für das „Motor-Management" eingesetzte Bosch-Motronic wurde um neue Funktionen erweitert: sequentielle Ansteuerung der Einspritzventile, Lambda-Regelung mit adaptiver Vorsteuerung, gesteuerte Spülung des Aktivkohlebehälters der Tankentlüftung, selektive Klopfregelung, zwei Leistungs-Endstufen für die Doppelzündung und Diagnose-System. Die Steuerung und Klopfregelung (Rücknahme des Zündzeitpunktes für den jeweiligen Zylinder beim Klopfen) findet für beide Kreise der Doppelzündung gemeinsam statt. Jede Zylinderreihe hat einen eigenen Klopfsensor, der auf einer körperschallübertragenden Brücke sitzt. Ein Hall-Sensor ermöglicht die selektive Zylinder-Zuordnung, so daß der Zündzeitpunkt nur an dem Zylinder zurückgenommen wird, an dem das Klopfgeräusch auftritt. Einer der beiden Hochspannungs-Zündverteiler wird mechanisch direkt angetrieben, der andere über einen Zahnriemen. Diese Anordnung hat sich bereits bei den vom 911-Motor abgeleiteten Flugmotoren bewährt.

Mit der Doppelzündung werden beim Motor des Carrera 4 die gleichen Vorteile erreicht, die beim Vierventilmotor durch die zentrale Kerzenlage gegeben sind. Diese führen zusammen mit der auf 11,3 : 1 erhöhten Verdichtung

Metall-Katalysator mit S-förmig gewickeltem Trägern: Gegenüber Keramikträgern ermöglicht der neue Kat einen um 15 Prozent größeren Strömungsquerschnitt und erheblich niedrigeren Abgas-Gegendruck.

Metal catalytic converter with S-shaped matrix windings: compared to a ceramic matrix this gives 15 percent more flow cross section and much lower exhaust back pressure.

zu einer Wirkungsgrad-Verbesserung, die in der Steigerung der Nennleistung mit vier Prozent und in der Senkung des Verbrauchs mit drei Prozent zum Ausdruck kommt. Die zweifache Entflammung führt zu einer insgesamt stabileren Verbrennung, die Streuung des Verbrennungs-Mitteldrucks ging um 18 Prozent zurück. Es kann mit stärker abgemagertem Gemisch und – zugunsten der Abgasqualität – sehr geringer Warmlauf-Anreicherung gefahren werden. Die Einspritzung erfolgt sequentiell: Jeder Zylinder erhält zum günstigsten Zeitpunkt die optimale Kraftstoffmenge.

Der Motor des Carrera 4 ist, gemäß der 911-Tradition, ein sportlich ausgelegter Motor mit hohem Drehvermögen. Die Höchstgeschwindigkeit von 260 km/h wird bei 6600 Umdrehungen pro Minute erreicht, die Höchstleistung von 184 kW/250 PS bei 6100/min. Der neue Motor hat mit 51,1 kW/69,4 PS eine der höchsten Literleistungen (Leistung im Verhältnis zu je einem Liter Hubraum) aller Zweiventil-Saugmotoren mit Katalysator. Trotz dieser leistungsbetonten Auslegung weist er einen harmonischen Drehmomentverlauf mit einem sehr hohen Maximalwert von 310 Nm bei 4800/min auf, er verbindet also das kräftige Durchzugsvermögen, das großvolumige Motoren im unteren Drehzahlbereich auszeichnet, mit der sportlichen Drehfähigkeit, die seit jeher ein Merkmal des 911-Sechszylinder-Boxermotors ist. Somit verfügt der Carrera 4 über ein Triebwerk, das unter den leistungsstarken Automobilmotoren eine Sonderstellung einnimmt.

Wärme-Rückhaltung und Alterungsbeständigkeit der Abgasanlage wurden erheblich verbessert.

Heat retention and aging resistance of the exhaust system were greatly improved.

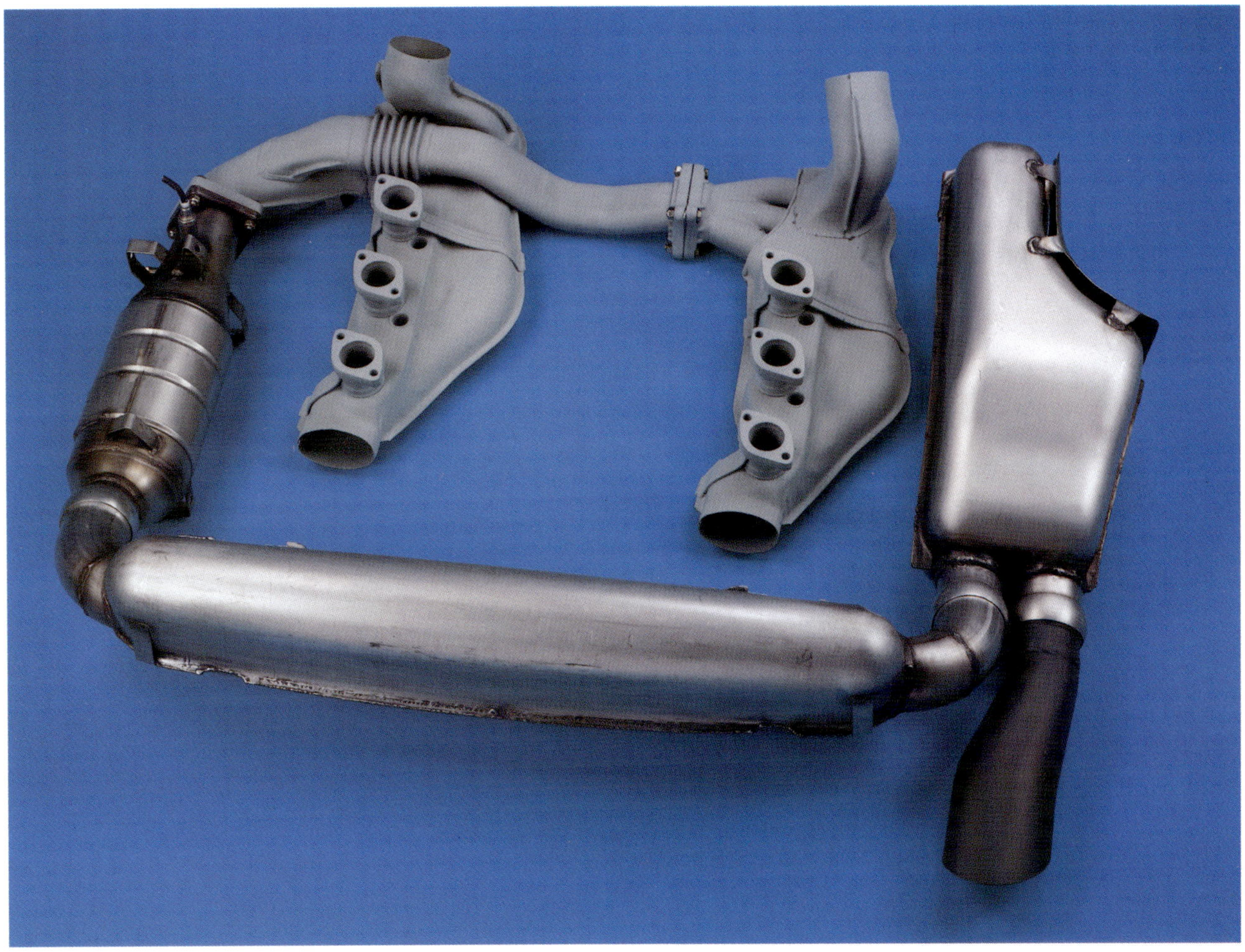

regulation with adaptive pre-control, controlled flushing of the active-charcoal container for tank venting, selective knock control and two final performance stages for dual ignition and a diagnostic system. Timing and knock control (retarding ignition for a given cylinder when knocking occurs) is common to both circuits of the dual ignition. Each cylinder row has its own knock sensor, sitting on a body-noise-transmitting bridge. A Hall sensor permits selective cylinder allocation so that timing is only retarded for the cylinder showing a knocking sound. One of the two high-tension ignition distributors is directly driven mechanically, the other by a cog belt. This arrangement proved itself in an aviation engine spun off the 911.

This Carrera 4 engine achieves the same advantages through dual ignition which are provided by a central plug position in the four-valve engine. This, along with compression increased to 11.3:1, contributed to an improvement in efficiency which manifests itself in an increase of four percent in rated output and a reduction of three percent in consumption. Dual ignition leads to more stable combustion overall and spread of median combustion pressure is reduced by 18 percent. The engine can run on an even leaner air-fuel mixture, utilized in the form of very small warm-up enrichment, to the benefit of exhaust gas composition. Injection occurs sequentially.

In keeping with 911 tradition, the Carrera 4 engine is a sporting power plant with high rev potential. Top speed of 260 km/h is reached at 6600 RPM, maximum output of 184 kW/250 HP at 6100 RPM. The new engine, at 51.1 kW/69.4 HP, has the highest liter output (power in relationship to each liter of displacement) of any two-valve, normally-aspirated engine with catalytic converter. Despite this power-oriented layout, it provides harmonic torque spread with a very high maximum value of 310 Nm at 4800 RPM, thus combining the strong pulling power of a large-volume engine in the lower rev ranges ideally with the sporting rev potential which has always been characteristic of the six-cylinder, 911, boxer engine. In this sense, the Carrera 4 takes its special place among the more powerful automobile engines.

Manfred Bantle

Geregelte Kraft

Was kommt nach dem Porsche 959? Diese Frage haben wir uns während der Arbeit am ungewöhnlichsten Porsche-Projekt der 80er Jahre oft vorgelegt. Beim 959 wurde vieles extremer gedacht und gelöst als bei einem Serienfahrzeug. Aber im Hintergrund stand bereits die Aufgabe, die wertvollen Erfahrungen für den kommenden Allrad-Serienwagen zu nutzen, der unter der Code-Nummer 964 das Laufen lernte.

Als Weiterentwicklung des 959-Systems entstand ein neuartiger, differential gesteuerter Allradantrieb mit geregelter Achsdrehzahldifferenz und automatischer Anpassung der Ansprechschwellen für die Sperrwirkung. Er ist für den Straßenbetrieb unter den Gesichtspunkten der Sicherheit und einfachen Bedienung konzipiert.

Ich kann mir vorstellen, daß einem 911-Fahrer künftig die Frage schlaflose Nächte bereiten kann: Soll ich den Carrera 4 mit vier angetriebenen Rädern nehmen – oder den gewohnten Carrera mit Hinterradantrieb?

Beide sind typische Carrera: Fahraktive, sichere Sportwagen, man sitzt hinein und fühlt sich sofort wohl. Ich selbst würde den Carrera 4 kaufen, weil er mit seinem neuen Allradsystem im Fahrverhalten, in der Lenkpräzision, der Straffheit und Direktheit dem 959 sehr ähnlich ist. Aber das ist eine persönliche Entscheidung (und eine Preisfrage). Wer den hinterradgetriebenen Carrera kennt, schätzt die Besonderheiten, die dieses Fahrzeug von den meisten anderen unterscheiden. Alle Vorzüge dieses wunderbaren Autos wird er im Carrera 4 wiederfinden – und noch einige dazu. Wenn sportliches Skifahren und sportliches Autofahren gewisse Parallelen aufweisen, dann möchte ich den Carrera mit dem sportlichen S-Ski vergleichen und den Carrera 4 mit dem A-Ski, dem Sportski mit Allround-Charakter. Ich bezeichne den Carrera 4 als Allrounder, weil er bei allen Fahrbahnzuständen ein noch höheres Traktionsvermögen und geringere Einflüsse des Antriebs auf das Fahrverhalten als der Carrera hat. Diese Vorzüge spielt der Carrera 4 um so deutlicher aus, je rutschiger die Straße ist. Trotz dieser Vorteile werden sich neben dem Allradantrieb meines Erachtens die zweiradgetriebenen Fahrzeuge

Seitenkraft und Schräglaufwinkel

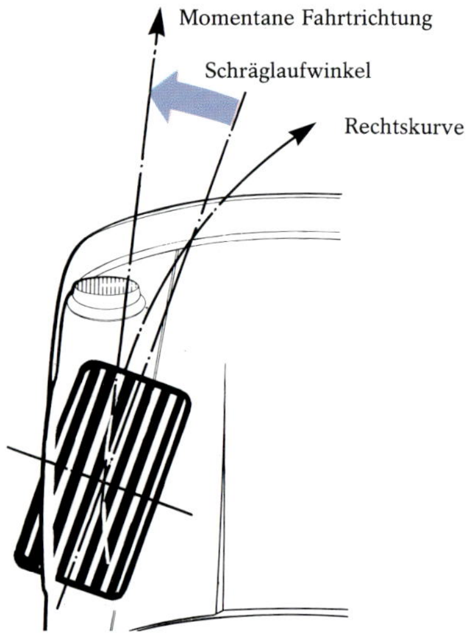

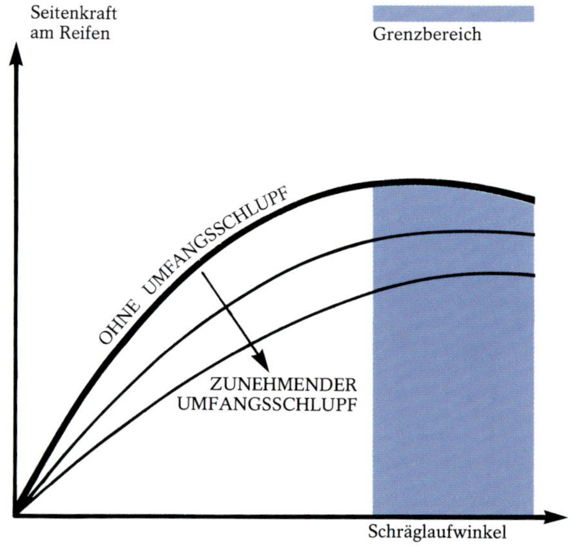

Manfred Bantle

Controlled Power

What could follow the Porsche 959? We often debated this question during work on that most-unusual Porsche development of the 80s. With the 959 many things were intentionally thought through and solved far more extremely than appropriate for a production car. However, the task of utilizing valuable experience for Porsche's future all-wheel-drive production car was always in the backs of our minds: that vehicle which started under code number 964. A new type of differential-controlled, all-wheel drive with regulated axle revolution differentiation and automatic adjustment of response threshold for the lock effect was a further development of the 959 system. It was conceived for road use, in consideration of safety and simplicity.

I could imagine 911 drivers might have sleepless nights over the question: should I choose the Carrera 4 with four driven wheels or the familiar Carrera with rear-axle drive?

Both are typical Carreras: safe, active-driver sports cars which you can get into and feel at home immediately. Personally, I would buy the Carrera 4 because it is very similar to the 959 in handling, steering precision, firmness and direct action, due to the new all-wheel-drive system. But that is a personal decision (and a matter of price).

Those who know the rear-wheel-drive Carrera appreciate the special features which set this car apart from most others. All advantages of this wonderful auto are still found in a Carrera 4 – plus a few more. If we assume that sporty skiing and sporty driving do provide parallels, then I would compare the Carrera to the sporting S ski and a Carrera 4 to the A ski, a sports ski with all-around characteristics. I call the Carrera 4 an all-rounder because it has even greater traction potential and lower influence of drive on handling than the Carrera, under all road-surface conditions. And these Carrera 4 advantages become even clearer as the road gets slipperier.

Despite these advantages, I believe the two-wheel-drive car will retain its position, alongside all-wheel drive. The important point is to have enough load on the drive wheels. That is ensured by the design of all Porsche sports cars. The Carrera 4, as we

Jeder Reifen eines angetriebenen Rades kann nur eine bestimmte Kraft übertragen, die sich aus Seitenkraft und Umfangskraft zusammensetzt.

The tire of a driven wheel can only transmit a given force, made up of lateral and longitudinal forces.

behaupten. Wichtig ist, daß die Antriebsräder ausreichend belastet sind. Dafür ist bei allen Porsche-Sportwagen konstruktiv vorgesorgt. Der Carrera 4 hat bekanntlich durch sein Heckmotorkonzept schon mit Hinterradantrieb ein besonders hohes Traktionsvermögen.

Nimmt man gleiche Motorleistung an, dann hat im oberen Geschwindigkeitsbereich, wo kein Traktionsproblem auftritt, ein zweiradangetriebenes Fahrzeug durch das geringe Fahrzeuggewicht sogar Vorteile beim Beschleunigen. Ein Allradfahrzeug hat Vorteile beim Beschleunigen im unteren Geschwindigkeitsbereich, weil es über 4 Antriebsräder mehr Kraft auf den Boden bringt.

Einige Worte zum Fahrverhalten von Automobilen allgemein: Jeder Reifen kann nur eine bestimmte Kraft übertragen, die sich aus der Seitenkraft und (bei angetriebenen Rädern) zusätzlich aus der Umfangskraft zusammensetzt. Bei hoher Seitenkraft kann der Reifen nur wenig Umfangskraft übertragen, entsprechend bei hoher Umfangskraft wenig Seitenkraft. Es ist fahrtechnisch interessierten Autofahrern bekannt, daß ein Reifen beim Kurvenfahren sich leicht schräg seitwärts bewegt. Genauer gesagt: Zwischen der Richtung, in der er sich bewegt, und seiner Längsrichtung gibt es einen Winkel, den „Schräglaufwinkel".

Je schneller Sie eine Kurve fahren und je mehr Antriebskraft ein Rad in der Kurve übertragen muß, umso mehr muß sich der Reifen schrägstellen, um die nötige Seitenkraft aufzubringen. Er bewegt sich dadurch zur Kurvenaußenseite hin. Es entsteht gewissermaßen eine Lenkwirkung durch die Antriebskräfte. Von einem bestimmten Schräglaufwinkel an nimmt die Seitenkraft nicht mehr zu, auch wenn der Schräglaufwinkel weiter ansteigt. Das übertriebene „Schrägfahren" bringt also nichts. Man befindet sich jetzt im Grenzbereich und kann die gewünschte Fahrspur in der Kurve nicht mehr ohne weiteres einhalten.

Normalerweise werden Straßenfahrzeuge so abgestimmt, daß beim Kurvenfahren der Schräglaufwinkel an den Vorderrädern etwas größer ist als an den Hinterrädern. Die Folge ist, daß man das Lenkrad immer stärker einschlagen muß, je schneller man in eine Kurve fährt. Man nennt diesen Vorgang „Untersteuern", weil das Auto den Lenkeinschlag des

Differentialgesteuerter Allradantrieb mit geregelter Achsdrehzahldifferenz und automatischer Anpassung der Ansprechschwellen für die Sperrenwirkung

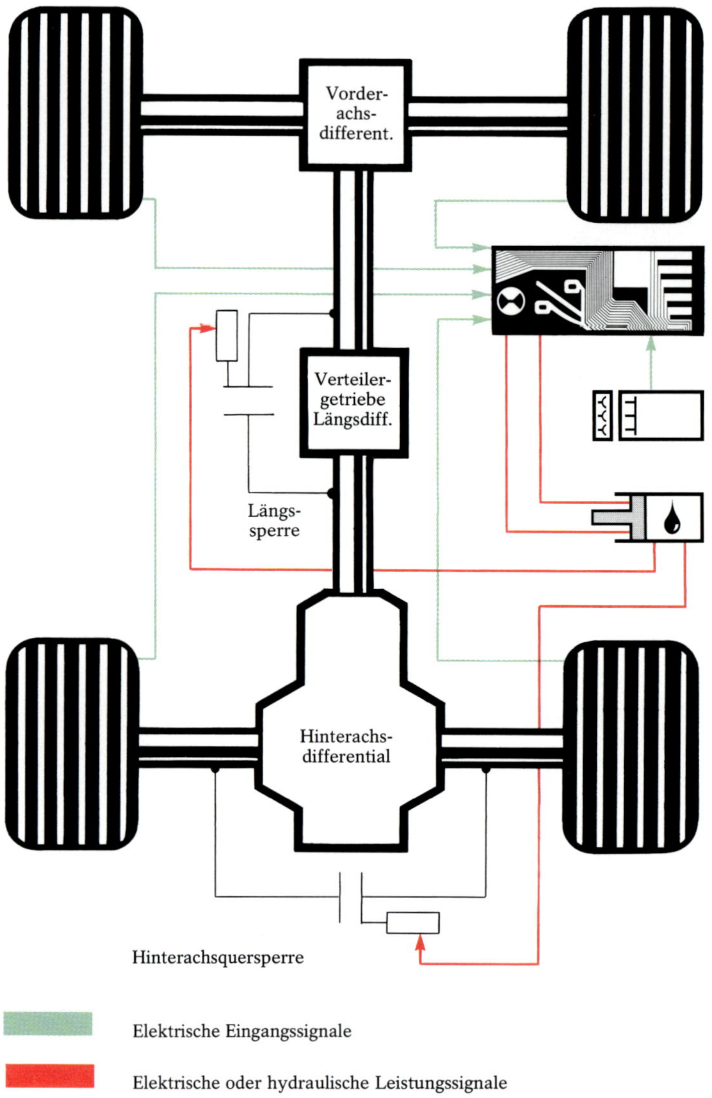

Fahrers untertreibt. Das (leicht!) untersteuernde Lenkverhalten ist erfahrungsgemäß am einfachsten zu beherrschen, weil der Zusammenhang „schneller fahren/mehr einschlagen" logisch ist und dem Fahrer eine deutliche Information über den Fahrzustand gibt.

Untersteuernde Fahrzeuge erreichen zuerst an den Vorderrädern durch Anwachsen des Schräglaufwinkels den Grenzbereich. Sie verhalten sich dabei sehr richtungsstabil, neigen nicht zum Schleudern, aber sie tendieren in Kurven zum Geradeausfahren, sind also meist nicht allzu kurvenwillig.

Beherzten Sportfahrern, besonders den Rallyefahrern, ist dies ein Dorn im Auge. Sie wollen nicht warten, bis sie von den Vorderrädern

Das Antriebssystem des Carrera 4.

Drive system of the Carrera 4.

Kurvenfahrt im Grenzbereich: Die Regelung bewirkt ein leicht untersteuerndes Fahrverhalten. Der Schräglaufwinkel zwischen den Rädern und den Reifenspuren ist deutlich zu erkennen.

Cornering at the limits: control produces mildly-understeering handling. Slip angle between wheels and tire track can be seen clearly.

know, offers especially high traction potential with rear-wheel drive alone, due to its rear-engine concept.

If we assume the same engine output, a two-wheel-drive car will even have an advantage in acceleration, due to its lower weight, in the upper speed ranges where traction problems don't apply. An all-wheel-drive car has advantages when accelerating in lower speed ranges because it can put more power onto the ground with four driven wheels.

A few words on the handling of automobiles in general. Any tire can only transmit a given force, made up of lateral as well as longitudinal forces (for driven wheels). With high lateral force the tire can only transmit limited longitudinal force, respectively little lateral force with high longitudinal force. Technically interested drivers will know that a tire moves slightly obliquely while cornering. Put more precisely, there is an angle between the direction it moves and its longitudinal direction, the "slip angle."

The faster you take a corner and the more tractive force each wheel must transmit in that corner, the more obliquely the tire must stand in order to produce necessary lateral force. It thus moves towards the outside of the curve. In effect there is a steering component caused by drive force. As of a given slip angle, lateral force no longer increases, even though the slip angle continues to do so. Excessive "sideways driving" doesn't do any good. You have now reached the limits and can no longer maintain your desired line through the curve without other actions.

Road cars are normally set up so that the slip angle at their front wheels is somewhat larger in a corner than that for the rear wheels. The result is that you must increase steering lock steadily, the faster you drive that corner. We call this operation "understeer" because the automobile undercuts a driver's steering lock, so to speak. Experience indicates that (mild!) understeer is the easiest to master because the relationship between "driving faster/more lock" is logical and gives a driver clear information about the driving situation.

Understeering cars reach their limits first at the front wheels, through an increase of the

mit mehr oder weniger großem Schräglaufwinkel um die Kurve gezogen werden. Sie möchten das alles schwungvoller gestalten, indem sie das Heck in der Kurve nach außen schwenken lassen, also praktisch mit den Hinterrädern zusätzlich lenken. Bei diesem Fahrverhalten werden im Grenzbereich die Schräglaufwinkel der Hinterräder größer als die der Vorderräder. Man spricht dann vom Übersteuern, weil das Fahrzeug den Lenkeinschlag des Fahrers übertreibt. Der Lenkeinschlag muß etwas zurückgenommen werden, wenn die Übersteuerphase eintritt. Das Übersteuern entsteht immer durch Umschlagen des anfänglich untersteuernden Verhaltens. Fahrzeuge, die schon bei niedrigen Querbeschleunigungen übersteuern, gibt es nicht, sonst müßte man schon beim Einleiten der Kurve das Lenkrad in die Gegenrichtung einschlagen.

Ein gekonnt eingeleiteter Übersteuervorgang mit sauberem Übergang in die Geradeausfahrt ist auf jeden Fall für Fahrer und Zuschauer eine erfreuliche Angelegenheit. Seine Beherrschung gehört zur hohen Schule des Autofahrens – wenn nicht zur Akrobatik. Aber obwohl vom Übersteuern viel und oft begeistert gesprochen wird, kann man es auf öffentlichen so gut wie nie anwenden. Im normalen Straßenverkehr hat es auch nichts zu suchen, denn es ist ein provozierter extremer Fahrzustand.

Moderne Autos verhalten sich im normalen Fahrbereich mehr oder weniger stark untersteuernd. Übersteuernde Phasen lassen sich (wenn überhaupt) nur durch gezielten Umgang mit Lenkung und Bremspedal im Grenzbereich herbeiführen. Auf rutschigen Fahrbahnen leichter als auf griffigen. In besonderen Fällen hilft auch die Handbremse oder bei Frontantrieb das Bremsen und Gasgeben gleichzeitig.

Provoziertes Übersteuern stellt beim Rallyefahren und in engen Kurven eine wirksame und bei entsprechendem Können sehr präzise „Zusatzlenkung“ dar. In der Feinform handelt es sich meist um den sogenannten „Fourwheel-drift“ oder „Powerslide“: Alle vier Räder bewegen sich mit den optimalen Schräglaufwinkeln, wobei durch relativ viel Schlupf an den Antriebsrädern eine zusätzliche Komponente für die Seitenführung aus der Umfangskraft gewonnen wird. Das Fahrzeug bewegt sich dabei leicht „breitseits“. Auf Straßenrundkursen kann man ausgeprägtes Übersteuern außer in Notsituationen nur noch selten beobachten. Das liegt nicht nur an den modernen Rennreifen, die mit sehr kleinen Schräglaufwinkeln große Seitenkräfte aufbauen, sondern auch daran, daß extremes Übersteuern ebenso wie extremes Untersteuern Zeit und Manövrierfähigkeit kostet.

Beim schnellen Kurvenfahren auf griffiger Fahrbahn kommt es mehr darauf an, das Untersteuern in Grenzen zu halten, als extreme Übersteuerphasen hervorzurufen. Um den „Four-wheel-drift“ zu erreichen, wird beim wettbewerbsmäßigen Fahren durch die geeignete zeitliche Aufeinanderfolge vom Gaswegnehmen (bzw. Bremsen) und Lenken zum Einleiten der Kurvenfahrt das Fahrzeug „angestellt“. Es macht dadurch eine leichte Richtungsänderung im Kurvensinn.

Nimmt man an Gas weg, wenn sich bereits Seitenkräfte in den Reifen aufgebaut haben, ruft der Lastwechsel je nach Antriebsart und Fahrwerksabstimmung unterschiedliche Wirkungen hervor. Beim Carrera 4 ist diese Lastwechselphase mit einem speziellen Steuerprogramm sorgfältig abgestimmt. Die dosierte Anstellwirkung ist erwünscht, um bei zu schnell angegangenen Kurven durch Gaswegnehmen wieder zur Innenseite zu kommen.

Der Kurvenabschnitt nach dem Einleiten wird meist mit gleichmäßiger Geschwindigkeit durchfahren. Für das Verhalten ist in dieser Phase hauptsächlich die Fahrwerkabstimmung verantwortlich. Beim darauffolgenden Herausbeschleunigen aus der Kurve möchte man möglichst viel Antriebskraft ohne Lenkkorrekturen auf den Boden bringen. Wird beim schnellen Kurvenfahren nach dem anfänglichen Gaswegnehmen wieder kräftig Gas gegeben, zeigen Autos mit Front-, Heck- oder Allradantrieb meist trotz gleicher Abstimmziele unterschiedliches Verhalten. Die Fahrer der Autos mit nur einer angetriebenen Achse müssen einen stärkeren Einfluß der Antriebskraft auf das Lenkverhalten einkalkulieren.

Beim frontgetriebenen Fahrzeug benötigen die Vorderräder größere Schräglaufwinkel, um die erforderliche Seitenkraft aufzubringen, wenn in der Kurve beschleunigt wird. Der Fahrer muß also im Normalfall des Lenkrad

slip angle. Thus they remain quite stable directionally and don't tend to skid, but they do tend to continue straight ahead in a curve and are not usually all that willing to corner.

For dedicated sports drivers, particularly rallye drivers, this is a thorn in their flesh. They don't want to wait until they are towed into a corner by the front wheels as those build up more or less of a slip angle. They want to do it all with more verve by letting the tail swing outwards in a corner, steering additionally with the rear wheels in fact. With this driving behavior, the slip angle of the rear wheels will be greater than that of the front wheels at the limits and we speak of "oversteer" because a vehicle exaggerates the driver's steering lock. Steering lock must be eased off slightly as this oversteer phase appears. Oversteer always occurs by reversal of initial understeer. Vehicles which already oversteer at low lateral acceleration values don't exist, otherwise you would have to turn the steering wheel in the opposite direction as soon as you turned into a corner.

An ably-initiated oversteer maneuver with clean transition to the straight is always a happy event for driver and spectator. Mastering that is part of the art of fine driving – if not of acrobatics. Although oversteer is often discussed with great enthusiasm, you can scarcely use it on the open road. There is no place for it in normal traffic anyway, because it is an extreme driving situation, intentionally provoked.

Modern automobiles display more or less understeer in normal driving situations. An oversteer phase can only be evoked (if at all) through purposeful manipulation of steering and brakes at the limits. This is easier on slippery surfaces than grippy ones. In special cases the handbrake, or simultaneous application of brakes and throttle with front-wheel drive, might be used.

Provoked oversteer offers very precise "additional steering" for rallye driving or tight corners, assuming the necessary skill. In its finest form this usually appears as the so-called "four-wheel drift" or "power slide." All four wheels move with optimum slip angles while relatively high slip at the drive wheels provides an additional component for lateral guidance, deriving from longitudinal force. The car thus moves slightly "broadside." On road circuits you seldom see true oversteer, apart from emergency situations. That is not only due to modern racing tires which produce enormous lateral forces at very small slip angles, but also to the fact that extreme oversteer, just like extreme understeer, costs time and maneuverability.

For fast cornering on a surface with good grip it is more important to keep understeer within limits than to provoke an extreme oversteer phase. To achieve a "four-wheel drift" in competition driving, the car is set up by the proper sequence of reduced throttle (or braking) and steering at the entrance to a corner. It thus makes a small change of direction relative to that corner.

If you lift off the gas only when lateral forces have already built up in a tire, the Ferraria effect will differ, depending on drive layout and chassis tuning. In the Carrera 4 this load-cycle phase is minutely tuned by a special control program. Dosed take-up effect is desirable so that the car will again move to the inside of a curve which was entered at high speed, by lifting off the throttle.

The corner segment after turn-in is usually driven at a steady speed. Chassis tuning is chiefly responsible for handling in this phase. During acceleration out of the corner, which follows, one wants to put as much tractive force to the ground as possible without steering corrections. If heavy throttle is applied, following initial reduction during fast cornering, automobiles with front-, rear- or all-wheel drive usually display different handling, despite identical tuning goals. The driver of a car with only one driven axle must expect stronger influences from tractive force on steering behavior – particularly on a slippery surface.

With front-drive cars the front wheels require a larger slip angle to produce required lateral forces, when accelerating in a corner. The driver must apply more steering lock in a normal case, otherwise the car will push towards the outside of the corner.

stärker einschlagen, weil sonst das Fahrzeug nach der Kurven-Außenseite drängt.

Beim hinten angetriebenen Fahrzeug nehmen die Hinterräder durch kräftiges Beschleunigen in der Kurve größere Schräglaufwinkel an. Damit stellt sich das gesamte Fahrzeug etwas kurveneinwärts, der Fahrer kann dies durch leichte Zurücknahme des Lenkeinschlags korrigieren. Das hinterradgetriebene Fahrzeug ist also normalerweise „kurvenwilliger“ als das vorderradgetriebene.

Die Vorteile eines intelligenten Allradantriebs zeigen sich beim Beschleunigen in Kurven umso deutlicher, je rutschiger die Fahrbahn ist. Dennoch gelten auch bei Allradantrieb physikalische Grenzen der Bodenhaftung, und der Allradantrieb verkürzt auch nicht den Bremsweg – was oft übersehen wird. Die Entscheidung liegt beim Fahrer: Entweder betrachtet er den Traktionsgewinn durch Allradantrieb als Sicherheitsreserve, oder er nützt ihn aus, um deutlich schneller zu fahren.

Gute Allradfahrzeuge haben zwei Vorteile, durch die sie beim Beschleunigen in Kurven kursstabil sind und weniger Lenkkorrekturen erfordern:

Vorteil 1: Die Antriebskraft (und die Verzögerungskraft beim Gaswegnehmen) beeinflußt den Schräglaufwinkel aller vier Räder im gleichen Sinn. Dadurch bleibt das Fahrverhalten praktisch gleich. Meist ist es leicht untersteuernd.

Vorteil 2: Die Antriebskraft verteilt sich auf alle vier Räder. Dadurch ändert sich der Schräglaufwinkel des einzelnen Rades beim Beschleunigen weniger. Folglich muß der Fahrer den Lenkeinschlag kaum korrigieren.

Man braucht allerdings einen hochentwickelten Allradantrieb, um diese Vorteile bei allen Fahrsituationen und Fahrbahnzuständen in Fahrsicherheit und Fahrleistung umzusetzen. Der Carrera 4-Allradantrieb ermöglicht gegenüber Zweiradantrieb eine wesentlich effektivere und präzisere Fahrweise im Grenzbereich. Auch bei vollem Leistungseinsatz ändert sich das Lenkverhalten praktisch nicht, der Fahrer kann sich vollständig auf das Anbremsen, den Lenkvorgang und das Einhalten der Ideallinie konzentrieren.

Traktionsdiagramm

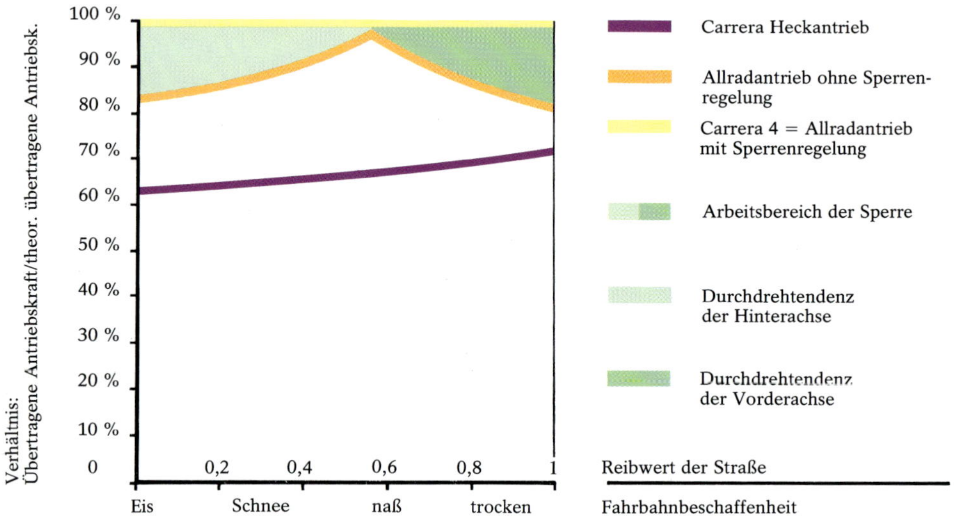

Dieses Schaubild zeigt, wieviel Antriebskraft beim vollen Beschleunigen im Vergleich zu den physikalisch möglichen 100 Prozent auf die Fahrbahn übertragen werden kann.

A traction diagram indicates how much tractive force can be transmitted to the surface under full acceleration, compared to the physically-possible 100 percent.

Nicht nur in Kurven, auch beim Anfahren und Beschleunigen auf nassen oder winterlichen Straßen, beim Fahren in bergigem Gelände oder auf unbefestigen Fahrbahnen fällt sofort die Richtungsstabilität und das Traktionsvermögen auf. Bei der ersten Begegnung mit dem Carrera 4 wundert man sich zunächst über die Leichtigkeit und unauffällige Problemlosigkeit des Fahrens. Erst wenn man vergleicht, und vor allem wenn man auf glatter Fahrbahn näher an den Grenzbereich der Bodenhaftung herankommt, erkennt man den Fortschritt, der im Carrera 4 realisiert wurde. Das ausgewogene, völlig unproblematische Lenkverhalten, die Lenkpräzision, das erheblich gesteigerte Traktionsvermögen bei allen Fahrbahnzuständen und die straffe Gesamtabstimmung sind wesentliche Bestandteile der Fahrsicherheit dieses Sportwagens, der sich am Niveau des Porsche 959 messen kann.

Was heißt dynamisch gesteuerter Allradantrieb?

Es gibt einige wesentliche Unterschiede zwischen Porsche 959 und Carrera 4: Beim 959 wird die Hinterachse direkt vom Getriebe aus angetrieben. Weil die Vorderachse über eine gesteuerte Längskupplung von der Hinterachse aus angetrieben wird, spricht man vom kupplungsgesteuerten Allradantrieb. Die Vorderachse ist an die Hinterachse „angehängt“ (Hang-on-Lösung). Indem man die Längskupplung steuert, kann man die Obergrenze des Vorderachs-Antriebsmoments einstellen. Dadurch lassen sich über Wählhebel ganz un-

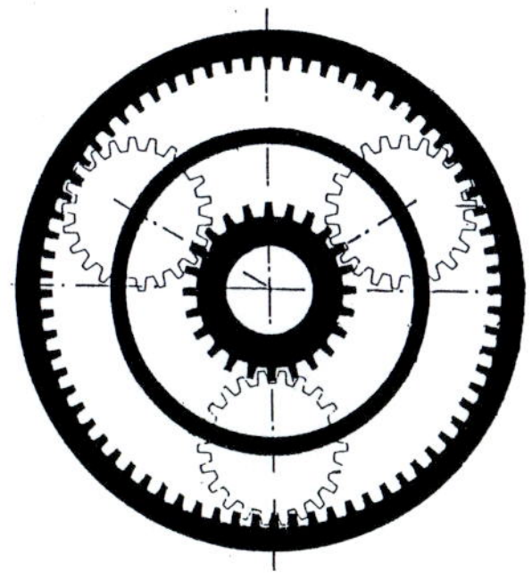

Verteilergetriebe = Längsschnitt

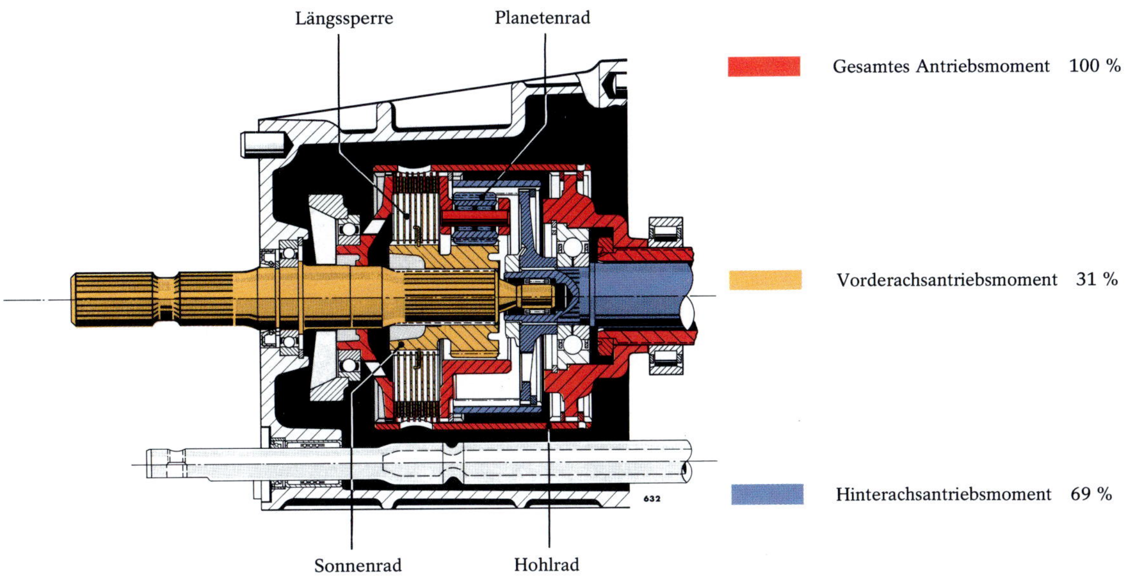

Das äußere Holhlrad des Planeten-Verteilergetriebes treibt mit 69 Prozent des Antriebsmomentes die Hinterräder, das innere „Sonnenrad" mit 31 Prozent die Vorderräder. Der ringförmige Planetenträger wird vom Schaltgetriebe angetrieben. Rechts das Verteilergetriebe und Mitteldifferential im Längsschnitt.

Outer ring gear of the planetary transfer case directs 69 percent of drive torque to the rear wheels, the inner sun wheel sends 31 percent to the front wheels. The ring-shaped planet carrier is driven by the gearbox. Right: transfer case and center differential in longitudinal section.

With rear-drive vehicles, rear wheels take on larger slip angles from strong acceleration in the corner. Here the entire vehicle tends to move towards the inside of the corner and the driver can correct this by reducing steering lock somewhat. Thus the rear-drive vehicle is normally "more willing" to corner than a front-drive model.

The advantages of intelligent all-wheel drive become more obvious when accelerating in a curve, the more slippery the surface is. That said, even with all-wheel drive there are physical limits to adhesion and all-wheel drive cannot shorten brake distances – a fact which is often overlooked. Decision rests with the driver: he either sees the traction plus of all-wheel-drive as a safety factor or he uses it to drive considerably faster.

Good all-wheel-drive cars have two advantages which make them more stable when accelerating in a corner and demand less steering correction.

Advantage 1: tractive force (or deceleration force when lifting off the throttle) influences slip angles for all four wheels in the same manner. Thus handling remains virtually unchanged. Usually there is mild understeer.

Advantage 2: tractive force is divided among all four wheels. Therefore slip angles for individual wheels change less under acceleration. As a result, a driver hardly needs to alter steering lock.

However, you need highly-developed all-wheel drive to convert these advantages into driving safety and performance in every driving situation and with any surface condition. Compared to two-wheel drive, the Carrera 4 makes a clearly more effective and precise driving style possible at the limits. There is virtually no change in steering behavior, even when full power is used. The driver can concentrate completely on braking, steering and maintaining the ideal line. Directional stability and traction potential are not only apparent in cornering but also when starting and accelerating on wet or wintry roads, driving in mountainous territory or on unpaved surfaces. When first trying a Carrera 4 one is amazed by the ease and inconspicuous effortlessness in driving it. Only through comparisons and particularly when approaching the limits of road adhesion on a slippery surface, do you comprehend the progress realized in a Carrera 4. Balanced, totally unproblematic steering behavior, steering precision, greatly increased traction potential for all surface conditions and firm overall setup – all these things are basic components of driving safety in this sports car, one capable of being measured against the Porsche 959 level.

What does dynamically-controlled, all-wheel drive mean?

There are some basic differences between Porsche 959 and Carrera 4: in a 959 the rear axle is driven directly from the gearbox. Since

terschiedliche Programme abwickeln, welche die Antriebskraftverteilung auf den jeweiligen Straßenzustand abstimmen oder das Fahrverhalten verändern. Weil kein Längsausgleichsgetriebe (Differential) verwendet wird, muß die Längskupplung bei Bedarf durch Rutschen den Drehzahlausgleich zwischen verschieden schnell laufenden Rädern erlauben, z. B. in engen Kurven.

Beim Carrera 4 dagegen wird das Antriebsmoment vom Schaltgetriebe aus zuerst zu einem Längsverteilergetriebe geleitet, das als Planeten- oder Umlaufgetriebe konstruiert ist. Im Längsverteilergetriebe wird das ankommende Moment, solange die Sperrensteuerung nicht eingreift, stets im gleichen Verhältnis aufgeteilt: 31 Prozent für die Vorderachse, 69 Prozent für die Hinterachse. Die Vorderräder erhalten etwas mehr Antriebsmoment, als es der Vorderachslast beim nicht beschleunigten Fahren entspricht. Damit erzielt man die präzise Lenkfähigkeit und ein ausgewogenes, leicht untersteuerndes Lenkverhalten. Erst bei einem bestimmten Beschleunigungszustand ist die Antriebsmomentverteilung proportional zur Achslastverteilung. Die Feinanpassung wird im Gegensatz zum 959 nicht durch eine gesteuerte Längskupplung, sondern durch die Sperrenregelung vorgenommen. Weil die Antriebsmomentverteilung für Vorder- und Hinterachse vom normalerweise nicht gesperrten Längsverteilergetriebe (Längsdifferential) besorgt wird, spricht man vom differentialgesteuerten Allradantrieb. Das Verteilergetriebe hat gleichzeitig die Funktion eines Ausgleichsgetriebes für Drehzahlunterschiede zwischen Vorder- und Hinterachse. Wenn es nicht gesperrt wird, kann in keinem Fahrzustand, auch nicht in engen Kurven, ein Rutschen oder Verzwängen einzelner Räder auftreten. Ausgleichsgetriebe haben aber die Eigenart, daß der ganze Vortrieb verloren geht, sobald ein Rad durchrutscht. Das haben wir schon alle beim Anfahren auf Eis ohne Sperrdifferential erlebt. Wenn bei Allradantrieb ein Rad oder eine ganze Achse durchdreht, ändert sich auch noch schlagartig das Fahrverhalten. Ein Allradantrieb ist deshalb nur so gut wie seine Sperreinrichtung.

Aus diesem Grund wurde beim Carrera 4 eine leistungsfähige, aber auch aufwendige Lösung gewählt: Als Längssperre wird die Längskupplung aus dem Porsche 959 verwendet, die Hin-

Vorige Doppelseite und linke Seite: Das Transaxlerohr verbindet Motor, Antrieb und Achsen des Carrera 4 zu einer homogenen Einheit. Vor dem Getriebe das Mitteldifferential mit elektronisch geregelter Lamellenkupplung und Antriebswellen zur Vorder- und Hinterachse. Rechts: Das elektronische Steuergerät enthält „intelligente" Bausteine, die sich auf veränderte Bedingungen einstellen.

Preceding double pages and left: the transaxle tube connects engine, drive and axles of a Carrera 4 into one homogeneous unit. Ahead of the gearbox: center differential with electronically-controlled, multi-plate clutch and drive shafts to front and rear axles. Right: the electronic control unit contains "intelligent" components which can adapt to altered conditions.

the front axle is driven from the rear axle via a controlled center clutch, we speak of clutch-controlled, all-wheel-drive. The front axle is connected to the rear (hang-on solution). One can adjust the upper limit of front-axle torque moment by controlling the center clutch. In this manner, completely different programs can be set up by use of a selector, matching tractive force division to road conditions, or changing handling. Since a center differential is not used, the center clutch must slip when necessary to match the revolutions of wheels running at different speeds – in tight curves, for instance.

In a Carrera 4, on the other hand, drive torque from the gearbox is first directed to a center transfer case designed as a planetary or epicyclic gear set. In this center transfer case the input torque – presuming the lockup control doesn't come on – will always be divided in the same relationship: 31 percent for the front axle, 69 percent for the rear axle. The front wheels receive somewhat more drive torque than front-axle loading by a non-accelerating car would suggest. Thereby one achieves precise steerability and balanced, mildly-understeering behavior. Drive force division only becomes proportional to axle-load distribution as of a certain acceleration point. Unlike the 959, fine tuning is not done by a controlled center clutch but by lockup control. Since drive force distribution to front and rear axles is normally provided by an unlocked center transfer case (center differential), one speaks of differential-controlled, all-wheel drive. The transfer case also has the function of a differential for revolution variations between front and rear axles. Assuming it is not locked, slipping or blocking of individual wheels can never occur, not even in tight curves.

It is a characteristic of differentials that all forward propulsion is lost as soon as one wheel begins to spin. All of us have experienced that when starting on ice without a slip limiter. When one wheel, or a whole axle, spins with all-wheel drive, driving behavior also changes immediately. Thus all-wheel drive is only as good as its slip limiting device.

For this reason a very efficient but also elaborate solution was chosen for the Carrera 4. The center clutch from a Porsche 959 was used as center lockup while the transverse, rear-axle lockup was also taken from a 959. The advantage of this solution: both components are constructed as multiplate clutches and can be electro-hydraulically controlled, with great speed and precision. Hydraulic fluid is moved to a pressure reservoir by a radialpiston pump. Electrically-controlled magnetic valves dose pressure flow from reservoir to friction plates.

The center lock only engages where the wheels on one axle tend to spin, whether they have touched a slippery spot or because road grip at the limits has been reduced by bumps or dynamic events. The dosed lockup proce-

terachsquersperre wird ebenfalls aus dem 959 übernommen. Der Vorteil dieser Lösung: beide Bauelemente sind als Lamellenkupplung aufgebaut, sie lassen sich extrem schnell und exakt elektrohydraulisch steuern. Die Hydraulikflüssigkeit wird von einer Radialkolbenpumpe in einen Druckspeicher gefördert. Elektrisch gesteuerte Magnetventile dosieren die Einspeisung zu den Reiblamellen.

Die Längssperre greift nur ein, wenn die Räder einer Achse zum Durchdrehen neigen, sei es weil sie auf eine rutschige Stelle geraten sind oder weil durch Bodenunebenheiten oder dynamische Vorgänge im Grenzbereich die Bodenhaftung reduziert ist. Der dosierte Sperrvorgang hat dabei zwei Aufgaben: Fahrdynamische Stabilität und möglichst viel Traktion. Die Drehzahldifferenz zwischen Vorder- und Hinterachse und damit der Schlupf werden so geregelt, daß das Fahrverhalten sich möglichst wenig ändert.Sobald die Längssperre eingreift und das Durchrutschen einer Achse einschränkt, verbessert sie die Traktion: Die Reiblamellen transportieren das von der durchrutschenden Achse nicht mehr übertragene Moment zur Achse mit dem besseren Bodenkontakt. Die Antriebskraft verteilt sich dabei nach physikalischen Zusammenhängen entsprechend dem Reibwert und der Radlast.

Durch diese Auslegung sind beim Allradantrieb des Carrera 4 keine Wählprogramme erforderlich, lediglich für Sonderfälle wie beim steckengebliebenen Fahrzeug oder für sehr schwierige Anfahrvorgänge ist der Wählschalter „Traktion“ in der Mittelkonsole gedacht. Wenn er betätigt wird, bleibt die Längssperre und die Hinterachsquersperre geschlossen, bis eine Fahrgeschwindigkeit von 40 km/h erreicht ist. Danach werden beide Sperren automatisch geöffnet, weil die konstante, ungeregelte Sperrwirkung das Fahrverhalten stören würde.

Die völlig neuartige Sperrenregelung des Carrera 4 wurde von Porsche aus den Erfahrungen mit dem 959 entwickelt. Sie ist das Kernstück des Allradantriebs und arbeitet im Verbund mit dem ABS. Das Steuergerät mit dem Rechner registriert die Drehzahlsignale der in jedem Rad befindlichen ABS-Sensoren. Der Rechner vergleicht in einem sich wiederholenden Zyklus die ankommenden Ist-Werte mit den Soll-Werten. Wenn er eine Durchdrehneigung erkennen kann, dazu genügt bereits ein Geschwindigkeitsunterschied am Rad von unter 1 km/h, ermittelt er die für die jeweilige Situation geeigneten Signale zum Ansteuern der Magnetventile. Vom Eintreffen der Drehzahlinformationen von den Rädern bis zur Ausgabe der Signale an die Magnetventile vergehen nur 5 Tausendstelsekunden, entsprechend der Zykluszeit. Weitere 10 bis 20 Tausendstelsekunden später ist der dosierte Druckaufbau an den Reiblamellen im Gang.

Abgestimmt auf die dem Rechner vorliegenden Signale wird über die Magnetventile eine feingestufte Reihe von Druckimpulsen zu den Reiblamellen geschickt, welche die gewünschten Drehzahlunterschiede zwischen Vorder- und Hinterachse einregeln. Man kann den Ablauf mit einer ABS-Regelung vergleichen. Durch die sehr kurzen Ansprechzeiten und die feinen Druckstufen nimmt der Fahrer normalerweise das Eingreifen der Sperrensteuerung nur duch das Aufleuchten der Funktionslampe wahr, das Fahrverhalten wird durch das Eingreifen nicht verändert.

Außer beim Auftreten einer Durchdrehtendenz beim Beschleunigen oder bei Kurvenfahrt im Grenzbereich spricht die Sperrensteuerung auch an, wenn sich Drehzahlunterschiede an den Achsen beim Überfahren von groben Fahrbahnunebenheiten wie Schlaglöchern und von glatten Fahrbahnstellen ergeben.

Neben diesen „echten“ Durchdrehtendenzen gibt es auch einige Fälle von „scheinbarem“ Durchdrehen, also von unterschiedlichen Raddrehzahlen: Zum Beispiel täuschen Reifen, die infolge Fertigungstoleranz oder durch Verschleiß unterschiedliche Durchmesser haben, oder ein Ersatzrad mit höherem Reifenprofil dem Rechner eine Durchdrehtendenz vor. Auch die unterschiedlichen Abrollwege, welche die Räder in Kurven zurücklegen, stellen eine Fehlinformation dar, solange sich das Fahrzeug außerhalb des Grenzbereichs bewegt. Diese „scheinbare“ Durchdrehtendenz muß vom Steuergerät erkannt werden, weil sonst eine unnötige und störende Sperrwirkung ausgelöst würde.

Für diese Fälle wurde ein besonderes System entwickelt: Der automatisch während der Fahrt ablaufende Selbstabgleich mit „lernfähi-

Das Längsdifferential des Carrera 4 besteht aus einem Planetenradsatz mit der Momentenverteilung 31 : 69 Prozent. Es ist über eine elektronisch gesteuerte Lamellenkupplung sperrbar.

The center differential of the Carrera 4 consists of a planetary gear set with a torque split of 31:69 percent. It can be locked via an electronically-controlled, multi-disk clutch.

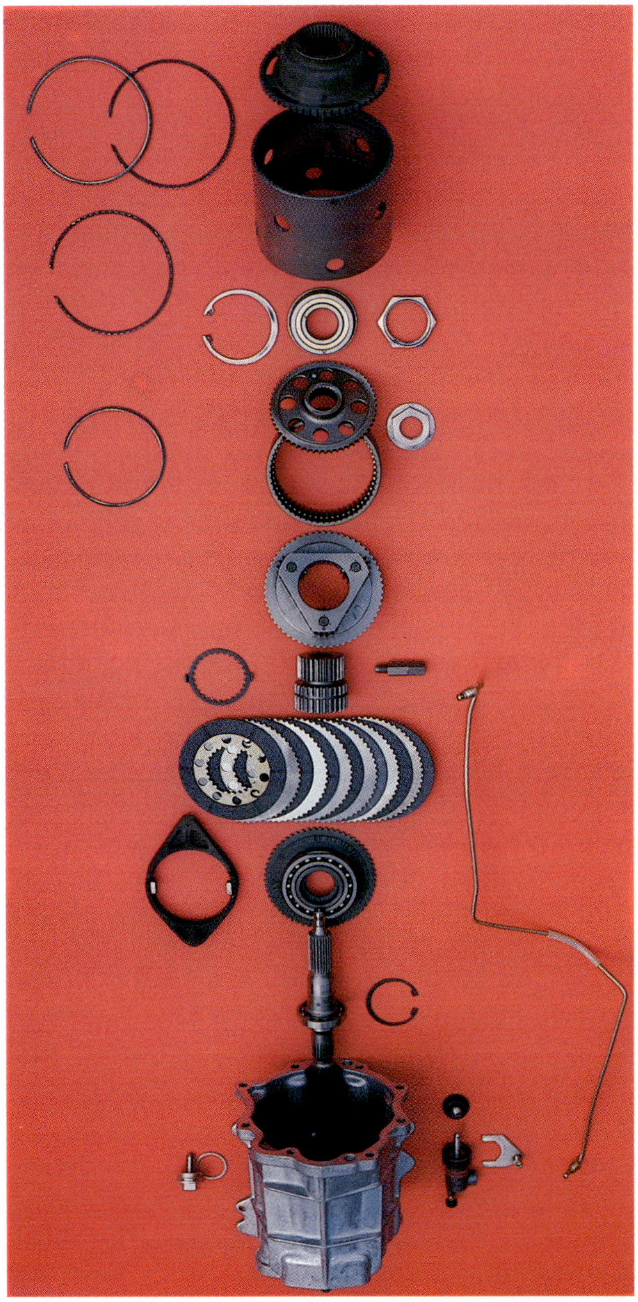

dure has two purposes in this case: dynamic driving stability and as much traction as possible.

Handling will depend on the relationship between slip angles of front and rear wheels. Slip angles depend on lateral force and slip between wheel and road, as we determined at the beginning. Through the lockup procedure, rev differences between front and rear axles, and thus their slip, will be controlled, so that handling changes as little as possible.

As soon as the center lockup takes hold and limits the slip of an axle, traction improves. Friction plates transfer torque which the slipping axle cannot handle to the axle with better wheel adhesion. Tractive force thus divides itself, in keeping with physical relationships based on friction and wheel load.

Due to this layout, a selective program is not required for all-wheel drive of the Carrera 4, apart from special cases such as a car which is stuck. A "traction" switch in the center console is intended for that, or for very difficult starts. When used, both center lockup and transverse, rear-axle lockup remain engaged, up to a speed of 40 km/h. Both locks are automatically released at that point, because constant, uncontrolled lockup would spoil handling.

This completely new lockup control for the Carrera 4 was developed by Porsche, based on experience with the 959. It is the core of all-wheel drive, working in conjunction with ABS.

The control unit with computer registers rev signals from ABS sensors at each wheel. The computer compares incoming actual values with ideal values, in a repeating cycle. When it recognizes a slip tendency – a speed differential of less than 1 km/h is sufficient – it produces a signal suitable to the given situation and that activates the magnetic valve. Between arrival of rev information from the wheels and issuing a signal to the magnetic valve there are only 5 thousandths of a second, matching the cycling time. Another 10 to 20 thousandths of a second later dosed pressure buildup is on its way to the friction plates.

A finely-metered set of pressure impulses is sent to the friction plates via magnetic valves, in keeping with signals received by the computer. This establishes the desired rev variation between front and rear axles. One might compare the procedure to ABS control. Due to very short response times and fine pressure steps, the driver normally only notices the onset of lockup control when a function light glows: handling is not changed by this procedure.

Apart from appearance of a spin tendency when accelerating or cornering at the limits, lockup control also takes hold when rev variations between the axles arise from driving over very poor roads with potholes, or on slippery surfaces. Apart from such "true"

gen" Moduln. Drehzahlunterschiede, die sich aufgrund veränderter Abrollradien der Räder ergeben, werden in Abständen während der Fahrt automatisch erfaßt und in die Berechnung der Ansprechschwellen für die Sperrwirkung einbezogen. Zusätzlich wird nach dem Start automatisch ein Schnellabgleich durchgeführt, damit nach einem Radwechsel keine unerwünschte Sperrwirkung auftritt. Die Ansprechschwellen der Sperrwirkung werden außerdem abhängig von der Fahrgeschwindigkeit und vom Kurvenradius variiert. Die Hinterachsquersperre wird beim Lastwechselfall ähnlich angesteuert wie die Längssperre. Beim Beschleunigen ist das Zuschalten der Hinterachsquersperre wegen der günstigen Achslastverteilung des Carrera 4 nicht erforderlich.

Um das komplexe Programm für Längssperre und Quersperre mit dem automatischen Abgleich zu steuern, sind zahlreiche Informationen notwendig. Außer den Drehzahlinformationen der vier Räder werden auch Sensoren für die Quer- und Längsbeschleunigung sowie Informationen über die Sperrfunktion und über die Bremsbetätigung benützt. Die Kapazität des Rechners wird zu 30 Prozent für die fahrdynamischen Funktionen, zu 50 Prozent für rechnerinterne Aufgaben und zu 20 Prozent für Diagnoseumfänge eingesetzt.

Kraftübertragung mit zwei und vier Antriebsrädern

Weil beim normalen Carrera nur die Hinterräder angetrieben sind, kann man auf Eis etwas weniger als 60 Prozent der theoretisch möglichen Antriebskraft übertragen. Wenn man auf trockenem Asphalt aufs Gaspedal drückt, ist die Beschleunigung größer, entsprechend kräftiger stemmen sich die Hinterräder auf den Boden (dynamische Achslastverlagerung) und deshalb können sie mehr (etwas über 70 Prozent) Vortriebskraft übertragen.

Beim Carrera 4 verteilt sich die Antriebskraft auf vier Räder. Er kann, ohne daß die Sperrenregelung eingreift (also bei offenem Längsdifferential), auf Eis schon 85 Prozent des möglichen Antriebsmoments übertragen. Gibt man nun noch mehr Gas, dann kommt man in den Bereich, wo eine Durchdrehtendenz der Hinterräder eintritt. Das kommt daher, daß die vom Verteilergetriebe der Hinterachse konstant zudiktierten 69 Prozent Antriebsmoment für die Hinterräder schon zuviel sind. Der Grund: Bei der niederen auf Eis erreichbaren Beschleunigung erhalten die Hinterräder durch dynamische Achslastverlagerung nur wenig zusätzliche Belastung. Die Vorderräder dagegen sind auf Eis beim vollen Beschleunigen unterfordert, sie übertragen weniger, als sie aufgrund der Gewichtsverteilung könnten.

In dieser Phase greift, ohne daß es der Fahrer bemerkt, die Sperrenregelung ein. Sie verändert die bisherige 31/69 Prozent-Verteilung, indem sie den Drehzahlausgleich regelt. Jetzt werden die Antriebskraftanteile nach physikalischen Zusammenhängen wie Reibwert und Radlast so zwischen den Rädern verteilt, daß der Optimalwert von 100 Prozent der übertragbaren Antriebskraft auf die Straße gelangt. Für den Fall der nassen Straße kann man aus dem Diagramm ablesen, daß die im Verteilergetriebe festgelegte Momentverteilung von 31 Prozent vorn/69 Prozent hinten zu einer idealen Kraftübertragung zur Straße von 100 Prozent führt, ohne daß die Sperrenregelung eingreifen muß.

Auf trockener Straße ist die erreichte Beschleunigung wesentlich größer als auf Eis. Die Hinterachse wird dadurch stark auf die Straße gedrückt, die Vorderräder werden entlastet. Jetzt neigen die Vorderräder zum Durchdrehen, die Hinterräder könnten noch mehr Antriebskraft übertragen. Wieder greift die Sperrenregelung unmerklich ein und sorgt in Bruchteilen von Sekunden dafür, daß der Idealzustand von 100 Prozent Antriebskraftübertragung erreicht wird.

Der Zuwachs an „Grip" läßt sich in doppelter Weise nutzen: als Gewinn an Fahrleistung beim wettbewerbsmäßigen Fahren und als Gewinn an Sicherheit im Verkehr. Der Carrera 4 wird somit allen Porsche-Freunden viel bringen: den Sportfahrern, den Sicherheitsbewußten und den Technik-Freaks (die keinen 959 mehr ergattern konnten). Der Carrera 4 erhielt seinen Feinschliff auf der Nordschleife des Nürburgrings – ich denke, das merkt man ihm an. Wir Ingenieure sind von ihm überzeugt. Wie er wirklich ist, das müssen Sie allerdings selbst erfahren. Es lohnt sich!

spin tendencies, there are also cases of "apparent" spin, meaning differing wheel revolutions. For instance tires of varying diameter, due to production tolerances or wear, can deceive, or a spare wheel with deeper tread can indicate a spinning tendency to the computer. The differing paths traveled by wheels in curves also provide false information, provided the car is operating below its limits. Such "apparent" spin tendencies must be recognized by the control unit. Otherwise, unnecessary and irritating lockup effect would be provoked.

A special system was developed for such cases: self-adjustment, occurring automatically during driving, uses "adaptive" modules. Rev differences caused by altered rolling radii are automatically registered at invervals during a drive and included in computation of the takeup threshold for lockup action. In addition, rapid adjustment is performed automatically after each start so that undesired lockup will not occur following a tire change. Takeup thresholds for lockup are also varied, depending on driving speed and curve radius. Transverse, rear-axle lockup is controlled in principle like the center lockup, in the case of load changes. Switching on transverse, rear-axle lockup during acceleration is not necessary in the Carrera 4, due to favorable axle loading.

In order to control the complex program for center and transverse lockups with automatic adjustment, a great deal of information is necessary. Apart from revolution information for all four wheels, sensors for lateral and longitudinal acceleration as well as information on lockup function and brake activation are utilized. The capacity of the computer is applied in the ratio of 30 percent for dynamic driving functions, 50 percent for internal computer tasks and 20 percent for diagnostic range.

Power transfer with two and four drive wheels

Since the rear axle alone is driven in a normal Carrera, you can transmit a little less than 60 percent of theoretically possible tractive force on ice. When you step on the throttle on dry asphalt, acceleration improves so that rear wheels bite into the surface harder (dynamic axle-load shift) and more (something over 70 percent) of the propulsive force can be transmitted.

In a Carrera 4 tractive force is distributed through all four wheels. Without engaging lockup control (center differential open in other words) it can transmit 85 percent of its drive force on ice. If you now step down even harder, you enter a realm where a spinning tendency of the rear wheels appears. That stems from the fact that the transfer case gives the rear axle a constant 69 percent of the drive torque and that is too much for the rear wheels. The reason: due to lower achievable acceleration on ice, the rear wheels only receive a small amount of additional loading through dynamic axle-load transfer and are only pressed to the surface by a bit more than 60 percent of overall vehicle weight. Front wheels, on the other hand, are underemployed on ice during full acceleration. They transmit less than they could, based on weight distribution. In this phase lockup control takes hold, without the driver noticing. It alters the previous 31/69 percent split by controlling rev balance. Now tractive force distribution is divided between the wheels in keeping with physical relationships such as friction and wheel loading, so that the optimum value of 100 percent of available tractive force reaches the surface. Acceleration achieved on a dry road is considerably greater than that on ice. Thus the rear axle is pressed strongly onto the surface, front wheels are unloaded. Now the front wheels tend to spin and rear wheels could transmit even more tractive force. Lockup control again intervenes, unnoticed, and ensures, in split seconds, that the ideal condition of 100 percent tractive force transmission is achieved.

An increase in "grip" can be utilized in a dual sense: as a gain in driving performance for competition driving and as a safety gain in traffic. In this sense the Carrera 4 brings all Porsche fans a great deal: sporting drivers, safety fans and technology freaks (who couldn't get their hands on a 959). The Carrera 4 received its final polish on the North Course at Nürburgring – I think you can tell that. We engineers are convinced of its worth. But you will have to learn for yourselves what it is really like. It's worth it!

Lothar Witte

Das Fahrverhalten von Allradfahrzeugen

In diesem Kapitel sollen einige Grundlagen erläutert werden, die zum Verständnis des Einflusses des Allradantriebes auf die Fahreigenschaften hilfreich sind. Diese Grundlagen kann man unterteilen in die Reifeneigenschaften: Wie produziert der Reifen seine Kräfte und wie hängen diese voneinander ab?

Der zweite Abschnitt behandelt die Fahrmechanik: Wie wirkt sich der Bewegungszustand des Fahrzeugs auf die für den Reifen wichtigen Größen aus? Was für Wirkungen haben die vom Reifen produzierten Kräfte auf den Bewegungszustand?

Ein weiterer Abschnitt gilt dem Antriebsstrang: Wie kann der Antriebsstrang die Fahreigenschaften des Fahrzeuges beeinflussen? Außerdem sollen die Anforderungen dargelegt werden, die an einen Allradantrieb zu stellen sind. Dem schließt sich eine Diskussion der möglichen Alternativen und ein Vergleich der Systeme des Porsche 959 und des Carrera 4 an.

Die Reifeneigenschaften

Die Aufgabe des Reifens besteht darin, die beim Antreiben, Bremsen und bei der Kurvenfahrt auftretenden Kräfte zwischen Reifen und Fahrbahn aufzunehmen bzw. sie zu erzeugen. Insoweit kann er durchaus als wichtigstes Element im Fahrwerk eines Straßenfahrzeugs bezeichnet werden, vergleichbar mit dem Tragflügel bei einem Flugzeug.

Damit der Reifen Kräfte erzeugen kann, benötigt er Schräglaufwinkel und Umfangsschlupf, die aufgrund seiner elastischen Eigenschaften möglich sind, sowie natürlich eine vertikale Aufstandskraft, mit der er auf den Boden gepreßt wird.

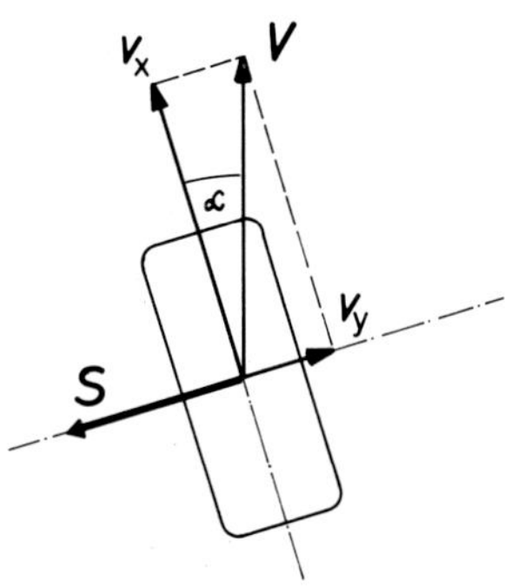

Bild 1: Definition des Schräglaufes. V ist die Radgeschwindigkeit, S die Seitenkraft infolge des Schräglaufs „alpha“.

Ill 1: definition of oblique motion. V is wheel speed, S lateral force due to oblique motion "alpha."

Der Schräglaufwinkel „alpha“ ist der Winkel zwischen der Radebene und der Bewegungsrichtung des Rades in der Draufsicht. Er ist demnach etwa proportional zum Quotienten aus Quer- und Längsgeschwindigkeit, weshalb man den Schräglauf auch als Querschlupf bezeichnet (Bild 1). Infolge dieses Schräglaufwinkels erzeugt der Reifen Seitenkräfte „S“, welche um so größer sind, je größer der Schräglaufwinkel und je höher die auf ihn wirkende Aufstandskraft ist. Dabei nimmt die Seitenkraft über dem Schräglauf zunächst etwa linear, dann degressiv zu und erreicht schließlich ein Maximum, hinter dem gewöhnlich noch eine leichte Abnahme erfolgt (Bild 2).

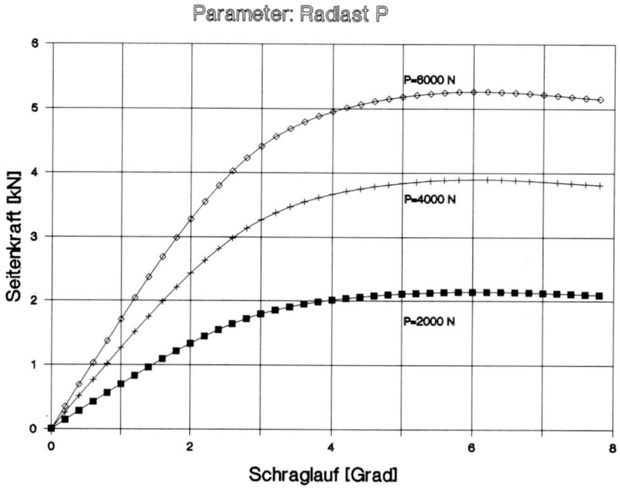

Bild 2: Seitenkraft in Abhängigkeit vom Schräglaufwinkel für verschiedene Radlasten.

Ill 2: Lateral force dependent on slip angle for various wheel loads.

Der Umfangsschlupf „s“ ist definiert als Quotient aus der Gleitgeschwindigkeit zwischen Reifen und Fahrbahn und der Längsgeschwindigkeit (Bild 3). Die Gleitgeschwindigkeit ergibt sich daraus, daß sich der Reifen schneller dreht (beim Antreiben), als es der Fahrgeschwindigkeit entspricht. Das durchdrehende Rad am stehenden Fahrzeug hat demgemäß 100 Prozent Antriebsschlupf. Dreht sich das Rad dagegen langsamer oder blockiert es gar, so entstehen Bremskräfte. Bei blockiertem Rad am fahrenden Fahrzeug spricht man von 100 Prozent Bremsschlupf.

Die Umfangskräfte verhalten sich in Abhängigkeit vom Schlupf ganz ähnlich wie die Seitenkräfte in Abhängigkeit vom Schräglauf. Mit

Lothar Witte

Handling of All-Wheel-Drive Vehicles

In this chapter we want to explain certain basics which will be helpful in understanding the influences of all-wheel drive on handling. These basics can be divided further to include tire characteristics: how do tires produce their forces and how do those interact? The second segment deals with driving mechanics: how do movement parameters of the vehicle affect forces important for the tires? What are the effects of forces produced by the tires on movement parameters? A further section is devoted to the driveline: how can a driveline influence handling of the vehicle? In addition, all demands to be made upon all-wheel drive will be examined. These conclude with a discussion of possible alternatives and a comparison of Porsche's 959 and Carrera 4 systems.

Tire characteristics

The task of the tire consists of embracing, respectively producing, forces which act between tire and road surface during driving, braking and cornering phases. In this sense it can certainly be described as the most important element in the chassis of a road vehicle, comparable with the wings of an airplane.

In order for the tire to produce forces it requires slip angles and rotational wheel slip, possible because of its elastic characteristics, as well as vertical down force which presses it to the pavement, of course.

Slip angle "alpha" is the angle between a wheel's plane and the direction of movement of that wheel in plan view. Therefore it is approximately proportional to the quotient of lateral and longitudinal speeds, which is why one can also identify oblique motion as lateral slip (Ill 1). Due to this slip angle, a tire produces lateral forces "S" which increase with growing slip angle as well as down force operating upon it. Lateral force over oblique motion initially grows linearly, then degressively, finally reaching a maximum beyond which there is normally a mild decrease (Ill 2).

Rotational wheel slip "s" is defined as the quotient of sliding speed between tire and surface and longitudinal speed (Ill 3). Sliding speed appears because a tire turns faster (under drive) than road speed would suggest. The spinning wheel on a stationary vehicle thus has 100 percent wheel slip. If the wheel

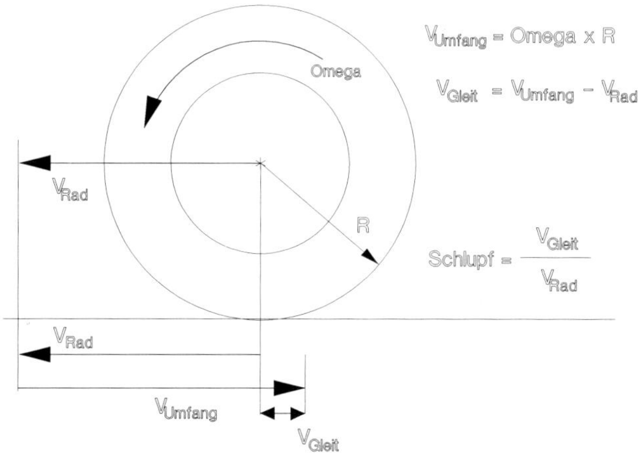

Bild 3: Definition des Umfangsschlupfes.

Ill 3: definition of rotational wheel slip.

turns more slowly or is even locked, there is a braking force. With a locked wheel on a moving vehicle we speak of 100 percent brake slip.

Longitudinal forces behave in relation to slip very like lateral forces in relation to oblique motion. With increasing slip, longitudinal forces first climb rapidly, then become degressive and finally reach a maximum. Thereafter longitudinal force declines slightly (Ill 4). Longitudinal force is naturally approximately proportional to wheel load as well, when slip values remain constant.

A tire can't produce any amount of longitudinal force and lateral force at the same time. These forces interact, in fact. As Ill 5 shows, the relation of lateral force to slip angle becomes increasingly flatter when rotational

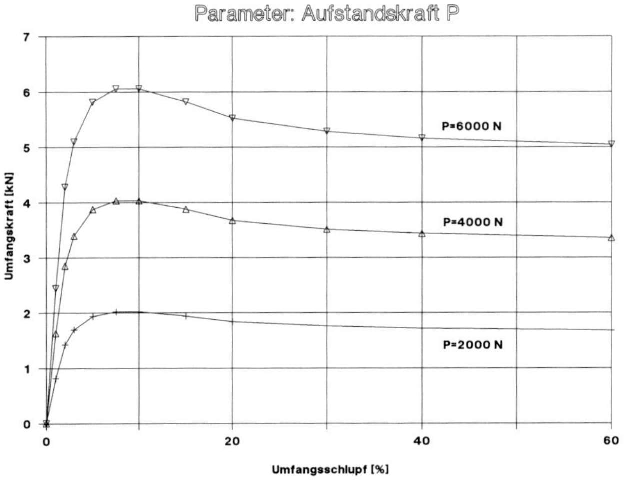

Bild 4: Umfangskraft über dem (Antriebs-)Schlupf für verschiedene Radlasten.

Ill 4: longitudinal force over (drive) slip for various wheel loads.

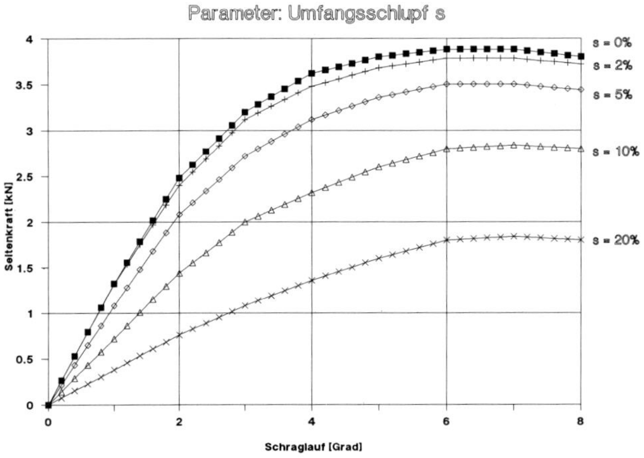

Bild 5: Seitenkraft über Schräglaufwinkel für verschiedene Werte des Umfangsschlupfes.

Ill 5: lateral force over slip angle for various values of rotational wheel slip.

zunehmendem Schlupf steigt die Umfangskraft zunächst steil an, wird dann degressiv und erreicht schließlich ein Maximum. Anschließend nimmt die Umfangskraft wieder leicht ab (Bild 4). Auch die Umfangskraft ist natürlich bei gleichbleibendem Schlupfwert etwa proportional zur Radlast.

Nun kann ein Reifen nicht gleichzeitig beliebig hohe Umfangskräfte und Seitenkräfte erzeugen, vielmehr beeinflussen sich die Kräfte untereinander. Wie in Bild 5 dargestellt, wird die Abhängigkcit der Seitenkraft vom Schräglaufwinkel zunehmend flacher, wenn gleichzeitig Umfangsschlupf vorhanden ist. Analog nehmen auch die Umfangskräfte ab, wenn gleichzeitig ein Schräglauf vorhanden ist.

Trägt man die Seitenkraft S über der Umfangskraft U für gleichbleibende Werte des Schräglaufwinkels auf, so erhält man ein Diagramm gemäß Bild 6. Die zugehörigen Werte des Umfangsschlupfes (die Punkte an den Kurven) können ebenfalls eingezeichnet werden. Man beachte besonders, daß bei hohen Umfangskräften die Seitenkräfte für beliebige Schräglaufwinkel stark abnehmen, wenn der Schlupf groß wird. Dies entspricht der praktischen Erfahrung, daß ein durchdrehender Reifen zwar das Seitenführungsvermögen verliert, nicht jedoch sein Antriebsvermögen.

Den Einfluß der Umfangskräfte auf die Seitenkräfte bezeichnet man als „Traktionseinfluß". Alle vom Reifen infolge von Schlupf und Schräglauf produzierten Kräfte sind näherungsweise proportional der Anpreßkraft, mit der der Reifen auf den Boden gedrückt wird. Diesen Zusammenhang bezeichnet man als „Radlasteinfluß".

Fahrmechanik

Auf welche Weise hängen die für den Reifen wichtigen Größen Schräglauf und Schlupf und Aufstandskraft mit den Fahrzeugbewegungen zusammen, und wie wirken die Reifenkräfte auf die Fahrzeugbewegung zurück? Wie beim Reifen der Schräglaufwinkel, so ist beim Gesamtfahrzeug der Schwimmwinkel als der Winkel zwischen der Fahrzeuglängsachse und dem Geschwindigkeitsvektor definiert. Ist nur der Schwimmwinkel vorhanden, so macht er sich an den Rädern unmittelbar als Schräglaufwinkel bemerkbar und führt zu Seitenkräften, die der Quergeschwindigkeit entgegengesetzt sind. Dies ist zum Beispiel beim Auftreten von Seitenwind der Fall. Befindet sich das Fahrzeug in der Kurve, so ist zusätzlich zum Schwimmwinkel noch eine weitere Bewegungsgröße wichtig, die Giergeschwindigkeit. Sie bezeichnet die Drehgeschwindigkeit, mit der sich das Fahrzeug um seine Hochachse dreht.

Weitere, allgemein bekannte Bewegungsgrößen sind Querbeschleunigung, Längsbeschleunigung und Fahrgeschwindigkeit. Dabei hängen für einen bestimmten Kurvenradius bei gleichmäßiger Fahrt Querbeschleunigung, Fahrgeschwindigkeit und Giergeschwindigkeit über die Beziehung Querbeschleunigung = Fahrgeschwindigkeit x Giergeschwindigkeit eng zusammen. Diese Beziehung gilt nicht mehr, wenn das Fahrzeug schleudert.

Die erforderlichen Schräglaufwinkel an den Rädern des Fahrzeugs hängen in erster Linie von der zum Durchfahren einer bestimmten Kurve notwendigen Querbeschleunigung ab, da diese die auf das Fahrzeug wirkende Fliehkraft bestimmt.

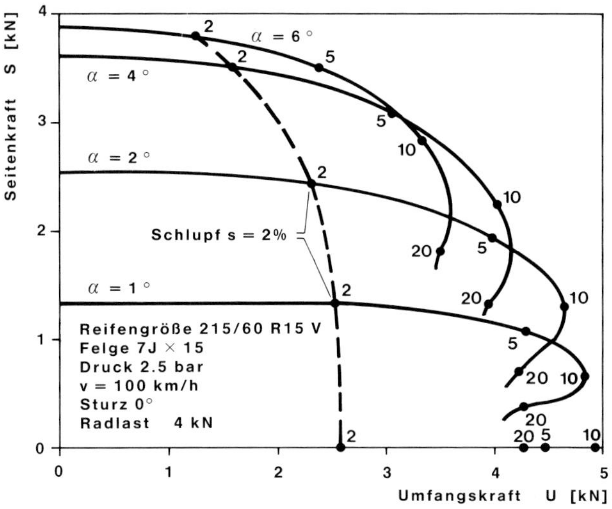

Bild 6: Seitenkraft in Abhängigkeit von der Umfangskraft für verschiedene Werte des Schräglaufwinkels „alpha" und des Umfangsschlupfes „s".

Ill 6: lateral force dependent on longitudinal force for various values of slip angle "alpha" and rotational wheel slip "s."

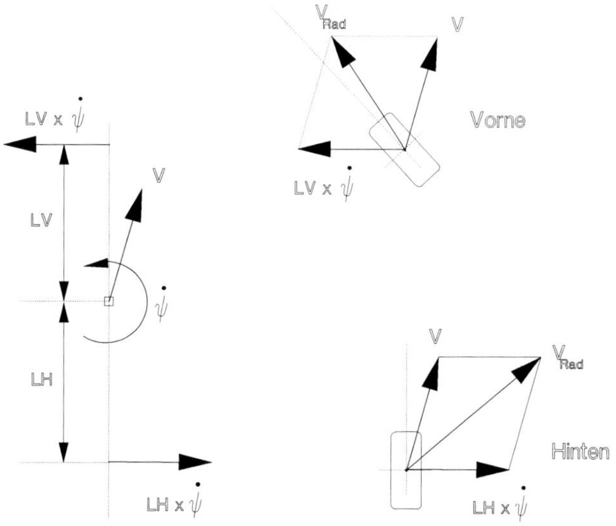

Bild 7: Zusammenhang der Radgeschwindigkeit mit den Bewegungsgrößen des Fahrzeugschwerpunktes.

Ill 7: relationship of wheel speed to kinetic magnitude of the vehicle's center of gravity.

wheel slip is also present. In the same way, longitudinal forces also decrease when there is simultaneous oblique movement.

If we plot lateral force S over longitudinal force U as a constant value for the slip angle, we achieve a diagram like Ill 6. Relevant values for rotational wheel slip (points on the curve) can also be entered. We note in particular that with high longitudinal forces, lateral forces decrease sharply for a given slip angle, when slip becomes large. This correlates to practical experience where a spinning wheel loses its cornering force but not its propulsive abilities.

The influence of longitudinal forces on lateral forces is called "traction influence." All forces produced by a tire due to slip and oblique motion are nearly proportional to the amount of down force pressing that tire to the surface. This relationship is called "wheel load influence."

Driving mechanics

So how do oblique motion and slip values, as well as down force, important for the tire, relate to vehicle motion, and how do tire forces affect vehicle movement?

With tires it is the slip angle, for the overall vehicle it is a so-called drift angle, defined as the angle between a vehicle's longitudinal axis and the speed vector. If a drift angle alone is present, it immediately operates on the wheels as slip angle and leads to lateral forces set in opposition to lateral speed. This is the case with a side wind, for instance.

If the vehicle is cornering, a further movement value in addition to drift angle becomes important: yaw velocity. This defines the speed of rotation for that vehicle around its vertical axis.

Furthermore, generally-known movement factors are lateral acceleration, longitudinal acceleration and driving speed. Lateral acceleration, driving speed and yaw velocity are closely related for a constant speed and given curve radius, expressed in the equation lateral acceleration = driving speed x yaw velocity. This equation no longer applies when the vehicle begins to skid.

The required slip angle of a vehicle's wheels depends primarily upon the necessary lateral acceleration for driving a given curve, since it determines centrifugal force operating on the vehicle.

Yaw velocity also has an influence on drift angle, which any vehicle needs to negotiate a curve. Starting from movement of the vehicle's center of gravity, we find rotating speed of the vehicle at the front axle produces a speed component towards the inside of the curve, at the rear axle a speed component to the outside.

These speed vectors add up to those of the drift angle and, considering steering angle, produce the slip angle at the wheels (Ill 7).

Since the required lateral force for negotiating a corner is determined by desired lateral acceleration and yaw velocity by driving speed, the only free values available to adjust

Die Giergeschwindigkeit hat nun ebenfalls einen Einfluß auf den Schwimmwinkel, welchen das Fahrzeug zum Befahren einer Kurve benötigt. Geht man von der Bewegung des Fahrzeugschwerpunktes aus, so verursacht die Drehgeschwindigkeit des Fahrzeuges an der Vorderachse eine Geschwindigkeitskomponente nach kurveninnen, an der Hinterachse eine ebensolche Komponente nach außen.

Diese Geschwindigkeitskomponenten addieren sich zu denen aus dem Schwimmwinkel und ergeben damit unter Berücksichtigung des Lenkwinkels den Schräglaufwinkel an den Rädern (Bild 7).

Da die erforderliche Seitenkraft für das Befahren einer Kurve durch die gewünschte Querbeschleunigung festliegt und die Giergeschwindigkeit durch die Fahrgeschwindigkeit, bleiben als freie Größen zur Anpassung der Reifenkräfte an den Seitenkraftbedarf nur Schwimmwinkel und Lenkwinkel.

Die Seitenkräfte an den Achsen des Fahrzeuges müssen dabei zusammen nicht nur gleich der zum Befahren der Kurve erforderlichen Fliehkraft sein, sondern sie müssen auch das Momentengleichgewicht bezüglich des Schwerpunktes erfüllen: Seitenkraft vorne x Hebelarm = Seitenkraft hinten x Hebelarm.

Wird das Momentengleichgewicht nicht erfüllt, so dreht sich das Fahrzeug in die Kurve hinein oder aus der Kurve hinaus und folgt so nicht mehr der gewünschten Bahn. Ist zwar das Momentengleichgewicht erfüllt, aber sind die Seitenkräfte zu gering, um die notwendige Querbeschleunigung für einen gegebenen Kurvenradius zu erreichen, so driftet das Fahrzeug auf allen Vieren aus der Kurve.

Nun ist es jedoch keineswegs gesagt, daß ein Fahrzeug an Vorderachse und Hinterachse die gleichen Schräglaufwinkel benötigt, um die für das Momentengleichgewicht erforderlichen Seitenkräfte aufzubringen. Es wurde bereits dargelegt, daß sich für eine gleiche Seitenkraft der Schräglaufwinkel stark ändern kann, wenn Umfangskräfte wirken oder wenn sich die Aufstandskraft verändert. Benötigt ein Fahrzeug bei wachsender Querbeschleunigung an der Vorderachse zunehmend mehr Schräglaufwinkel als an der Hinterachse, so spricht man von einem „untersteuernd“ ausgelegten Fahrzeug (Bild 8a). Hierzu gehören Lenkwinkel- und Schwimmwinkelkurven gemäß Bild 8b. Der zusätzliche Schräglaufbedarf der Vorderachse muß vom Fahrer durch Vergrößerung des Lenkwinkels aufgebracht werden.

Im umgekehrten Fall (Bild 9a), also bei einem größeren Schräglaufbedarf der Hinterachse, spricht man von einem „übersteuernd“ ausgelegten Fahrzeug. Da der Schräglaufwinkel der Hinterräder durch den größeren Schwimmwinkel erzeugt wird und dieser sich auch auf den Schräglauf der Vorderräder auswirkt, muß der Lenkeinschlag vom Fahrer zurückgenommen werden (Bild 9b).

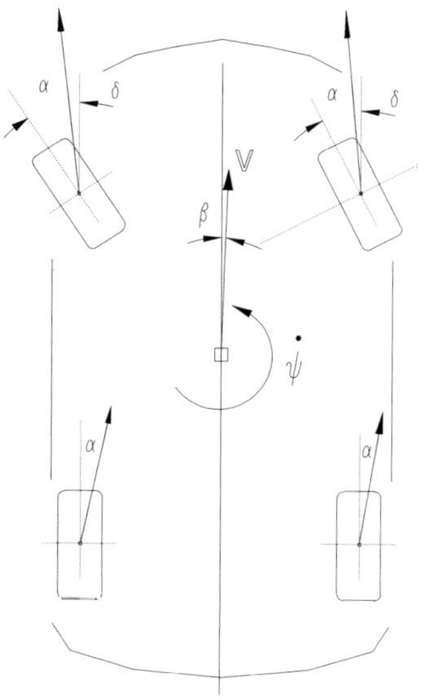

Bild 8a: Untersteuerndes Fahrzeug; Schräglaufwinkel an der Vorderachse größer als derjenige der Hinterachse.

Ill 8a: understeering vehicle; slip angle at the front axle is larger than that for the rear axle.

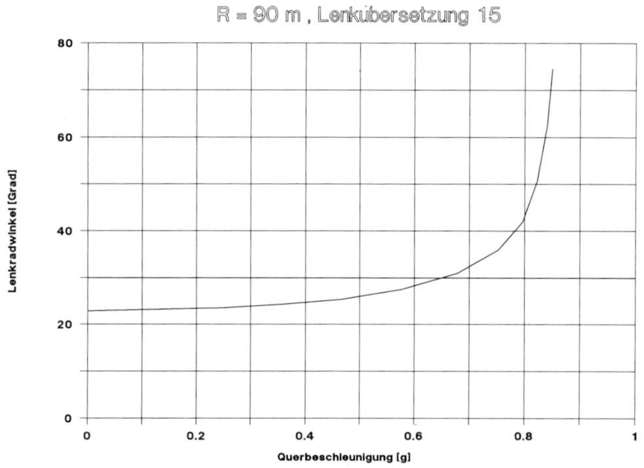

Bild 8b: Lenkwinkelcharakteristik des untersteuernden Fahrzeuges als Funktion des Querbeschleunigung.

Ill 8b: steering angle characteristics of the understeering vehicle as a function of lateral acceleration.

Dynamische Achslastveränderung und Kraftschlußbeanspruchung

Das Gleichgewicht zwischen den Reifenseitenkräften und den Fliehkräften sowie das zugehörige Momentengleichgewicht sind am besten aus der Fahrzeugansicht von oben vorstellbar. Betrachtet man das Fahrzeug in der Seitenansicht, so kann man weitere Gleichgewichtsbedingungen formulieren (Bild 10).

Beschleunigt das Fahrzeug, so wirken zwischen Reifen und Straße die Umfangskräfte. Im Fahrzeugschwerpunkt macht sich eine gleich große, entgegengesetzte Trägheitskraft bemerkbar. Es entsteht ein Moment, welches das Fahrzeug nach hinten kippen will. Dieses Moment wird kompensiert durch eine Veränderung der Aufstandskräfte an den beiden Achsen des Fahrzeuges in der Form, daß die Vorderräder entlastet werden und die Hinterräder zusätzlich belastet werden.

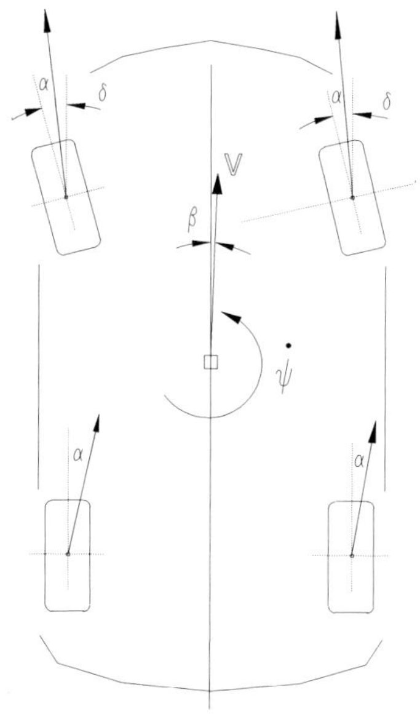

Bild 9a: Übersteuerndes Fahrzeug; Schräglaufwinkel an der Hinterachse größer als derjenige der Vorderachse, daher kleinerer Lenkwinkel erforderlich.

Ill 9a: oversteering vehicle; slip angle at the rear axle is larger than that for the front axle, meaning a smaller steering angle is required.

tire forces to lateral force needs are drift angle and steering angle.

Side forces on the axes of a vehicle must not only combine to equal the necessary centrifugal force for negotiating a curve, but they must also fulfill moment balance as regards the center of gravity: lateral force in front x lever arm = lateral force in back x lever arm.

If this balance of moments is not achieved, a vehicle turns into the curve or out of the curve and thus no longer follows the desired path. If moment balance is indeed achieved, but lateral forces are too low to obtain the

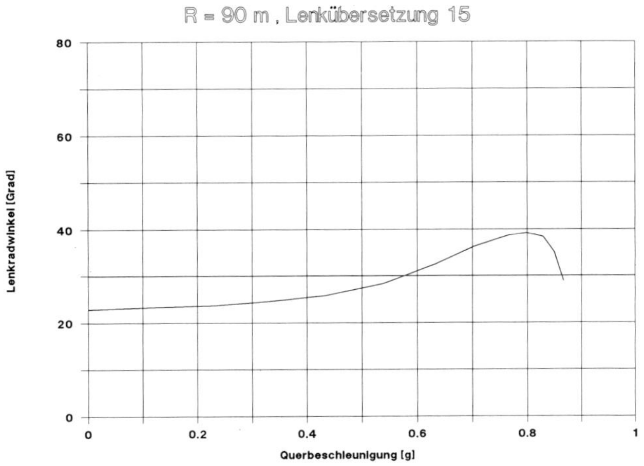

Bild 9b: Lenkwinkelcharakteristik des übersteuernden Fahrzeuges als Funktion der Querbeschleunigung. Im Grenzbereich muß der Lenkwinkel trotz zunehmender Querbeschleunigung reduziert werden.

Ill 9b: steering angle characteristics of the oversteering vehicle as a function of lateral acceleration. At the limits, steering angle must be reduced, despite increasing lateral acceleration.

necessary lateral acceleration for a given curve radius, the vehicle will drift out of the curve on all fours.

However, this doesn't mean that a vehicle necessarily requires the same slip angle at its front and rear axles to produce the required lateral forces for moment balance. It has already been established that the oblique slip angle can differ sharply for the same lateral force when longitudinal forces appear or when down force changes. If a vehicle needs increasingly more slip angle for the front axle than the rear, as lateral acceleration grows, we call it one laid out to "understeer" (Ill 8a). Steering angle and drift angle curves as shown in Ill 8b apply here too. Additional oblique-motion needs of the front axle must be provided by a driver increasing the steering angle.

In the opposite case (Ill 9a), meaning a larger oblique motion need at the rear axle, one speaks of a vehicle laid out to "oversteer." Since the slip angle of the rear wheels is produced by a larger drift angle and this has its effect on the oblique movement of the front wheels, a driver must reduce steering lock (Ill 9b).

Dynamic wheel-load change and demands on adhesion

Balance between lateral tire forces and centrifugal force, as well as relevant moment balance, are best presented from a viewpoint above the vehicle. If we consider a vehicle from the side, we can formulate further balance conditions (Ill 10).

When a vehicle accelerates, longitudinal forces operate between tires and road. At the vehicle's center of gravity we notice an equally-powerful, counteracting inertial force. A moment is created which tries to tip the vehicle to the rear. This moment is compensated by a change in down force at the two axles of the vehicle, in a way which unloads the front wheels but loads the rear wheels additionally.

In keeping with tire characteristics explaind above, the following will occur with modest acceleration: due to increased down force at the rear axles, with unchanged initial slip angle for all wheels, lateral force will increase at the rear, decrease in front. If a driver applies no steering angle correction, the vehicle will follow a larger arc than before, producing a reduction in yaw velocity and lateral acceleration. The driver will register this behavior as understeer. It permits him to stabilize the vehicle with the aid of the throttle.

Should tractive force exceed certain limits, determined by surface conditions (dry, wet, icy), traction influence takes on greater importance. The wheels run at higher slip values which occasions a drastic reduction of lateral force.

The following reaction of a vehicle depends significantly, as we know, on the drive concept of that vehicle. The vehicle with rear-wheel drive will break out at the tail as a result of a loss of lateral force, the front-drive model will follow a larger curve radius and possibly not react to steering angles any more.

Nach den oben erklärten Eigenschaften des Reifens wird bei nicht zu starker Beschleunigung nun folgendes passieren: Durch die Erhöhung der Aufstandskräfte der Hinterachse wird bei zunächst unveränderten Schräglaufwinkeln aller Räder die Seitenkraft hinten zunehmen und vorne abnehmen. Erfolgt keine Lenkwinkelkorrektur durch den Fahrer, wird das Fahrzeug eine größere Bahnkurve einschlagen als vorher, woraus sich eine Abnahme von Giergeschwindigkeit und Querbeschleunigung ergibt. Der Fahrer wird dieses Verhalten als Untersteuerneigung empfinden. Es ermöglicht ihm die Stabilisierung des Fahrzeuges mit Hilfe des Gaspedals.

Überschreitet die Antriebskraft gewisse Grenzen, die durch den Fahrbahnzustand gesetzt werden (trocken, naß, glatt), so gewinnt der Traktionseinfluß an Bedeutung. Die Räder laufen in hohe Schlupfwerte ein, was mit einer drastischen Verringerung der Seitenkräfte einhergeht.

Die nun folgende Reaktion des Fahrzeuges hängt bekanntermaßen stark vom Antriebskonzept des Fahrzeuges ab. Das Fahrzeug mit Heckantrieb wird infolge des Seitenkraftverlustes mit dem Heck ausbrechen, der Fronttriebler wird einen größeren Kurvenradius einschlagen und möglicherweise nicht mehr auf Lenkeinschläge reagieren.

Da beim Heckantrieb der Radlasteinfluß und der Traktionseinfluß gegenläufig sind, wird sich letzterer erst bei höheren Längskräften bemerkbar machen als beim Fronttriebler, bei dem sich Radlasteinfluß und Traktionseinfluß an der Antriebsachse summieren.

Die beim Fahrzeug mit Allradantrieb zu erwartende Reaktion hängt nun in hohem Maße von der Ausführung des Systems ab. Beim Allradfahrzeug wird sich der Traktionseinfluß dort stärker auswirken, wo das Verhältnis der Summe von Antriebs- und Seitenkraft zur Aufstandskraft (die sogenannte Kraftschlußbeanspruchung) den höheren Wert aufweist und sich demzufolge die höheren Schlupfwerte einstellen.

Wegen der infolge von Längsbeschleunigung und Beladung veränderlichen Aufstandskraftverteilung wäre also eigentlich eine variable Antriebsmomentenverteilung erforderlich, wenn an beiden Achsen des Fahrzeugs stets die gleiche Kraftschlußbeanspruchung erreicht werden soll.

Diese Überlegungen führten schließlich zum System des Porsche 959, bei dem das Antriebselement der Vorderachse eine freie Wahl des Momentenanteils zuläßt. Hierauf wird später noch eingegangen. Damit sind im Prinzip alle relevanten Grundlagen dargestellt worden, die von wesentlicher Bedeutung für das Fahrverhalten von Allradfahrzeugen sind.

Anforderungen an den Allrad-Antriebsstrang

Eine wichtige Voraussetzung für einwandfreien Allradantrieb ist die Forderung nach Verspannungsfreiheit. Bekanntermaßen fahren die Räder eines Fahrzeugs bei Kurvenfahrt auf unterschiedlichen Kurvenradien. Die Vorderräder haben im allgemeinen eine größere Strecke zurückzulegen und müssen deshalb schneller drehen als die Hinterräder. Wird ihnen dies nicht ermöglicht (z. B. durch eine starre Verbindung der Achsen), so ergibt sich ein Zwangsschlupf, der zu entgegengesetzten Umfangskräften an den Rädern des Fahrzeugs führt und damit zu einer Verspannung des Antriebsstranges. Die Umfangskräfte können zudem wiederum die möglichen Seitenkräfte vermindern.

Zwangsschlupf ergibt sich beim starr gesperrten Antriebsstrang ebenfalls, wenn Reifen mit unterschiedlichen Abrollradien verwendet werden. Ist der Antriebsstrang nicht starr gesperrt, sondern durch eine Differentialbremse oder eine Kupplung mit einer bestimmten Charakteristik gekoppelt, so ergeben sich entsprechend geringere Werte für den Zwangsschlupf und die auftretende Verspannung.

In Bild 11 sind schematisch die entstehenden Umfangskräfte infolge des Zwangsschlupfes aus Kurvenfahrt und bei unterschiedlichen Abrollradien an den Rädern des Fahrzeugs dargestellt. Bei Kurvenfahrt stellt sich an der Vorderachse eine Bremskraft ein, an der Hinterachse eine Antriebskraft. Die Kräfte stehen im Gleichgewicht, während der Schlupf von der jeweiligen Achslast bestimmt wird. Ist die Vorderachse höher belastet, so ergibt sich an ihr der geringere Schlupf und an der Hinter-

Since wheel load influence and traction influence run counter to one another with rear-wheel drive, the latter will only become evident at higher longitudinal forces than apparent with front-wheel drive, where wheel load influence and traction influence are additive at the drive axle.

The reaction to be expected from a vehicle with all-wheel drive depends in large measure on the layout of the system. With all-wheel-drive vehicles, traction influences will be stronger where the relationship of the sum of tractive and lateral force to down force (so-called adhesion demands) produces a higher value and therefore accordingly higher slip values.

Due to the changeable down force split dependent on longitudinal acceleration and load, a variable drive-moment split would actually be necessary, if the same adhesion demands are to be achieved for both axles of the vehicle.

These considerations led in the end to the Porsche 959 system where the drive element of its front axle permits free choice of moment split. We will go into this again later. In principle we have now presented all relevant basics which are important when it comes to the handling of all-wheel-drive vehicles.

Demands on the all-wheel driveline

An important prerequisite for unproblematic all-wheel drive is the demand for freedom from pre-loading. As we know, the wheels of a vehicle follow different curve radii when cornering. The front wheels generally must cover a greater distance and therefore must turn faster than the rear wheels. If this is impossible for them (due to a rigid connection between the axles for instance), there will be forced slip which leads to opposing longitudinal forces at the wheels and thus to pre-loading of the driveline. Such longitudinal forces can, in addition, further reduce possible lateral forces.

Forced slip is also present with rigidly locked drivelines when tires of differing rolling radii are used. If the driveline is not rigidly locked but connected by a differential lock or clutch in conjunction with certain characteristics, values for the forced slip and pre-loading will be relatively lower.

In Ill 11 longitudinal forces at the wheels of the vehicle due to forced slip from cornering and from varying rolling radii are presented schematically. When cornering, there is braking force at the front axle, propulsive force in the rear. These forces remain in balance, whereas slip will be determined by relevant axle loads. If the front axle is more highly loaded, it will display less slip and the rear axle more. This can lead to a loss of driving stability, particularly on a slippery surface, if the coupling between the two axles is too strong (rigid coupling for instance). If the rear axle is more heavily loaded, on the other hand, there will be greater slip in front, which can mean loss of steering ability on a slippery surface.

In order to avoid the disadvantages mentioned, characteristics of the axle coupling above the revolution difference require low frictional moment and low moment flow at modest variations in revs.

In actively-controlled systems, balance of geometrically-caused rev variations is possible by registering cornering and rolling radii. The Carrera 4 makes use of this possibility.

In a stable condition (meaning, steady-state cornering) one generally aims today at mildly understeering, self-steering behavior, realizing this through setup of the vehicle. In unstable conditions, especially when accelerating around the skid pad, understeering behavior, even under load, or controllable oversteer will be required, depending on the

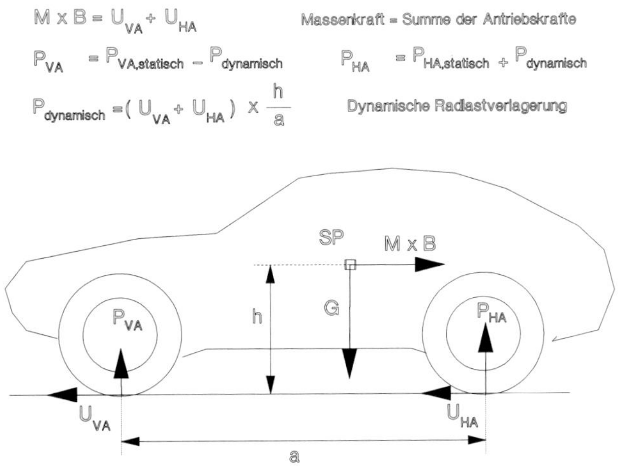

Bild 10: Gleichgewicht in der Fahrzeuglängsebene, dynamische Radlastverlagerung infolge Fahrzeuglängs-beschleunigung.

Ill 10: balance in the longitudinal vehicle plane, dynamic wheel-load shift due to longitudinal vehicle acceleration.

achse der größere Schlupf. Dies kann besonders auf glatter Fahrbahn zum Verlust der Fahrstabilität führen, falls die Kopplung zwischen den Achsen zu stark ist (z. B. bei starrer Kopplung). Ist hingegen die Hinterachse höher belastet, so ergibt sich vorne ein größerer Schlupf, der auf glatter Fahrbahn mit dem Verlust der Lenkbarkeit verbunden sein kann.

Um die geschilderten Nachteile zu vermeiden, ergeben sich für die Charakteristik der Achskopplung über der Differenzdrehzahl die Forderungen nach geringem Reibmoment und nach geringem Momentenfluß bei kleinen Drehzahldifferenzen.

Bei aktiven geregelten Systemen ist ein Ausgleich der geometrisch bedingten Drehzahldifferenzen durch Erkennung von Kurvenfahrt und Abrollradien möglich. Von dieser Möglichkeit wurde auch beim Carrera 4 Gebrauch gemacht.

Unter stationären Bedingungen (d. h. bei gleichmäßiger Kurvenfahrt) wird heute im allgemeinen ein mäßig untersteuerndes Eigenlenkverhalten angestrebt und durch die Abstimmung des Fahrzeugs auch realisiert. Bei instationären Bedingungen, insbesondere beim Beschleunigen während der Kreisfahrt, wird je nach Philosophie des Herstellers ein auch unter Last untersteuerndes Verhalten verlangt oder ein beherrschbares Übersteuern, welches bei ausreichender Leistung eine Beeinflussung der Fahrtrichtung mit dem Gaspedal ermöglicht.

In jedem Fall gilt die Forderung nach einem gleichbleibendem Eigenlenkverhalten bis in den Grenzbereich. Ein deutlicher Wechsel der Steuertendenz des Fahrzeugs bei Änderungen in der Beladung oder der Kraftschlußbeiwerte ist unerwünscht.

Der Begriff „Fahrstabilität“ kennzeichnet die Fähigkeit eines sich in einem Gleichgewichtszustand befindlichen Fahrzeuges (z. B. bei Geradeausfahrt oder bei Kurvenfahrt), nach Auftreten einer Störung (z. B. Seitenwind, Lastwechsel, Bodenwelle) ohne Eingriff des Fahrers in einen neuen Gleichgewichtszustand zurückzukehren.

Dies läßt sich dadurch erreichen, daß die Seitenkräfte an der Hinterachse des Fahrzeuges schneller anwachsen als die an der Vorderachse, wenn es durch eine Störung aus der Bahn gedreht wird und an beiden Rädern ein Schräglauf ensteht.

Wie schon dargelegt, verändern sich unter Vortrieb die Seitenkräfte am angetriebenen Reifen erheblich, wenn die Kraftschlußgrenze erreicht wird und sich große Schlupfwerte einstellen. Die Forderung nach Aufrechterhaltung der Fahrstabilität unter Vortrieb bedeutet demnach, daß die Kraftschlußgrenze infolge der Wirkung von Antriebskräften zuerst an der Vorderachse des Fahrzeugs erreicht werden muß.

Unter „Lenkfähigkeit“ wird die Fähigkeit des Fahrzeuges verstanden, seine Fahrtrichtung zu verändern, d. h. eine Giergeschwindigkeit aufzubauen oder zu erhöhen. Die Lenkfähigkeit kann mit Hilfe des Vortriebs nur bei heckdominanter Momentenverteilung verbessert werden. Dies geschieht durch Beeinflussung der Giermomentenbilanz, indem die Seitenkräfte an der Hinterachse über die Vortriebskräfte bzw. über den Umfangsschlupf vermindert werden.

Selbstverständlich steht dieses Ansinnen im Widerspruch zu der Forderung nach Fahrstabilität. Die Erhöhung der Lenkfähigkeit erfordert also, daß der Fahrer feinfühlig an der Hinterachse einen Schlupf einstellen kann, der eine nennenswerte Verringerung der Seitenkräfte und damit eine Verbesserung der Lenkfähigkeit bewirkt. Dies wird ihm um so leichter gelingen, je höher der Momentenüberschuß an der Hinterachse ist. Der Fahrer eines Fahrzeugs mit Hinterachsantrieb findet hierbei die günstigsten Voraussetzungen vor, da an dieser das gesamte Antriebsmoment zur Verfügung steht.

Das Allradfahrzeug dagegen verfügt in der Regel an der Hinterachse nur über einen Teil des Antriebsmoments, so daß die Lenkfähigkeit nicht so leicht wie beim reinen Hinterachsantrieb erhöht werden kann.

Die Erhöhung der Lenkwilligkeit über den Vortrieb sollte ein leicht kontrollierbarer Vorgang sein. Beim Hinterachsantrieb muß der Fahrer mit dem Gaspedal den Vortrieb reduzieren, wenn der zur Erhöhung der Lenkfähigkeit erforderliche Schlupf erreicht ist. Beim Allradfahrzeug kann dagegen die leichte Kon-

philosophy of the manufacturer, allowing driving direction to be influenced by the throttle, assuming sufficient performance.

In any case there is a requirement for constant self-steering behavior clear up to the limits. A marked change in steering tendencies of a vehicle through changes in load or adhesion coefficients is undesirable. The idea of "driving stability" refers to the ability of a vehicle in a state of equilibrium (moving straight ahead or cornering, for instance) to return to a new condition of balance following any interruption (side wind, load shift, bump, for instance), without driver input. This is achieved if lateral forces at the rear axle of a vehicle grow more rapidly than those at the front axle, when the vehicle is turned from its path by outside force, resulting in oblique motion at both wheels.

As already described, lateral forces at the driven tires will change markedly during forward propulsion when the adhesion limit is reached and large slip values occur. The demand for maintaining driving stability during forward propulsion means, therefore, that the adhesion limit must be reached first at the front axle of a vehicle, through the effect of propulsive forces.

By "steerability" we mean the ability of a vehicle to change its direction of motion, meaning to build up or increase yaw velocity. Steerability can only be improved through the aid of forward propulsion with rear-dominated moment split. This occurs through the influence of yaw moment balance, in that lateral forces at the rear axle are reduced via propulsive forces, respectively by circumferential slip.

This mode naturally stands in opposition to demands for driving stability. Therefore, increasing steerability requires that a driver can apply slip carefully to the rear axle to effect a noteworthy reduction of lateral forces and thus an improvement in steerability. This will be the easier for him the greater the torque excess at the rear axle. The driver of a vehicle with rear-axle drive will discover the best prerequesites for this, since full drive torque is available in such a case. The all-wheel-drive vehicle, on the other hand, normally apportions only part of its drive torque to the rear axle so that steerability cannot be increased as easily as with pure rear-axle drive.

Increasing steering willingness through forward propulsion should be an easily-controlled procedure. With rear-axle drive the driver must reduce forward propulsion via the throttle when the necessary slip for increasing steering capability has been achieved. With all-wheel-drive vehicles, on the other hand, easy controllability can be achieved when drive torque to the rear axle is limited as a function of revolution difference appearing in the torque-split differential, since it is proportional to slip differences between the axles. The differential brake thereby reduces drive torque to the faster axle and increases the torque share of the axle turning more slowly. This prevents lateral forces decreasing too strongly at the rear axle.

For optimum acceleration and traction it is necessary for all wheels to reach the slip of the maximum longitudinal force at approximately the same time. However, this demand is contrary to the demands for driving stability and steerability, since both require a slip differential between the front and rear wheels.

When braking, it is necessary that the lateral force reserve of the rear axle be greater than that of the front axle, to maintain course stability. For this, it is a condition that front-axle (brake) slip is kept greater than rear-axle slip. This is achieved by suitable brake-power distribution.

For an all-wheel-drive vehicle with rev-sensitive components in its driveline, however, there is torque transfer from front to rear axle which can lead to lockup of the rear axle immediately after the front, in conjunction with brake torque already on hand.

A very flat curve for rev-sensitive components does ease these braking stability problems, but that stands in opposition to demands for limits to slip differential and good traction. At the moment the only satisfactory solution consists of releasing the driveline or the differential lock while braking. This occurs in the Carrera 4 when the control unit receives a signal from the brake lamp switch.

trollierbarkeit dadurch erreicht werden, daß das Antriebsmoment zur Hinterachse als Funktion der am Verteilerdifferential auftretenden Drehzahldifferenz begrenzt wird, da diese der Schlupfdifferenz zwischen den Achsen proportional ist. Die Differentialbremse reduziert dabei das Antriebsmoment zur schnelleren Achse und erhöht den Momentenanteil der langsamer drehenden Achse. Hierdurch wird verhindert, daß die Seitenkräfte an der Hinterachse aufgrund von Umfangsschlupf zu stark abnehmen.

Für optimale Beschleunigung und Traktion ist es erforderlich, daß alle Räder etwa gleichzeitig den Schlupf der maximalen Umfangskraft erreichen. Diese Anforderung steht allerdings im Gegensatz zu den Anforderungen nach Fahrstabilität und Lenkfähigkeit, die ja beide eine Schlupfdifferenz zwischen den Vorderrädern und Hinterrädern erfordern. Für ein Straßenfahrzeug wird man hier zugunsten der gewünschten Fahreigenschaften auf ein wenig Traktion verzichten, zumal das Allradfahrzeug dem reinen Front- oder Heckantrieb in dieser Disziplin haushoch überlegen ist.

Beim Bremsen ist es zur Aufrechterhaltung der Kursstabilität erforderlich, daß die Seitenkraftreserve der Hinterachse größer ist als die der Vorderachse. Hierzu ist die Bedingung, den Vorderachs(Brems-)schlupf größer als den Hinterachsschlupf zu halten. Dies wird durch eine entsprechende Bremskraftverteilung erreicht.

Bei einem Allradfahrzeug mit drehzahlsensitiven Komponenten im Antriebsstrang ergibt sich jedoch nun ein Momententransfer von der Vorderachse zur Hinterachse, welcher zusammen mit den bereits vorhandenen Bremsmomenten zum Blockieren der Hinterachse direkt nach der Vorderachse führen kann.

Eine sehr flache Kennung der drehzahlsensitiven Komponenten mildert zwar die Probleme bei der Bremsstabilität, sie steht jedoch im Gegensatz zu den Forderungen nach Begrenzung der Schlupfdifferenz und nach guter Traktion. Derzeit besteht daher die einzig befriedigende Lösung im Öffnen des Antriebsstranges oder der Differentialsperre während des Bremsens. Dies geschieht beim Carrera 4 dann, wenn das Steuergerät ein Signal vom Bremslichtschalter empfängt.

Ist das Fahrzeug mit einem ABS-System ausgerüstet, so ergeben sich zusätzliche Forderungen. Der Allradantriebsstrang ohne vollständigen Ausgleich schafft für das ABS-System ungünstige Voraussetzungen zur Erkennung von hohem Bremsschlupf. Durch die Kopplung sind die Raddrehzahlen annähernd gleich und die Drehbeschleunigungen am blokkierenden Rad geringer. Nach heutigem Entwicklungsstand ist daher ein Zusatzaufwand bei der Logik und den Sensoren des ABS-Systems zu betreiben, wenn ein dem Einachsantrieb vergleichbarer Stand erreicht werden soll. Die beste Lösung besteht wohl darin, den Antriebsstrang bzw. die Differential-Bremsen beim Einsatz der ABS-Regelung zu öffnen. Diese Lösung wird auch im Carrera 4 angewandt.

Dynamisches Ansprechverhalten

An das dynamische Verhalten eines Allradsystems bzw. Sperrensystems sind hohe Anforderungen zu stellen. Das den Achsen zuzuführende Moment muß zeitlich so schnell zur Verfügung stehen, daß keine wesentlich höheren Schlupfwerte auftreten als im stationären Fall vorgesehen. In dieser Hinsicht sind mechanische Systeme bisher unübertroffen.

Bei elektrisch oder hydraulisch betätigten Sperreinrichtungen, elektronisch gesteuerten bzw. geregelten Systemen treten Verzögerungen bei der Drehzahlerfassung, Datenverarbeitung und Steuerung/Regelung der Stellglieder auf. Die Geschwindigkeit, mit der das zu einer Drehzahlabweichung gehörige Antriebs- oder Sperrmoment eingestellt werden kann, ist daher ein wesentliches Bewertungskriterium für die Güte eines Allradsystems.

Im Lauf der Erfahrungen mit dem Porsche 959 entschied sich Porsche beim Carrera 4 für ein mechanisches System der Momentenverteilung, das Verteilerdifferential, welches verzögerungsfrei die Grundmomentenverteilung vornimmt. Der Nachteil der festen Momentenverteilung des Verteilerdifferentials muß durch eine aufwendig gesteuerte Differentialbremse ausgeglichen werden. Im Gegensatz zum 959 kommt beim Carrera 4 für die Betätigung der Differentialbremse eine Hochdruckhydraulik zum Einsatz, womit eine schnellstmögliche Betätigung erreicht wird.

If the vehicle is fitted with an ABS system, there will be additional demands. The all-wheel driveline without complete balance provides unsatisfactory conditions for recognizing high brake slip with an ABS system. Due to the coupling, wheel revolutions are virtually identical and rev accelerations at the locked wheel lower. At the current stage of development additional outlay for the logic and sensors of an ABS system is needed, if a condition comparable to single-axle drive is to be attained. The best solution most likely is freeing the driveline, respectively the differential brake, when ABS control is applied. This solution is also used for the Carrera 4.

Dynamic response

High demands must be placed on the dynamic response of an all-wheel-drive system, respectively locking system. Torque to be directed to the axles must be available so quickly that markedly higher slip values than those for the stable case cannot appear. Mechanical systems have yet to be surpassed in this regard.

With electrically or hydraulically operated locking units, electronically-controlled, respectively regulated, systems show delays in registering revolutions, data processing and control/regulation of their actuators. The speed with which a drive or locking moment related to a revolution deviation can be applied, is thus a vital evaluation criteria for the worth of an all-wheel-drive system.

Based on experience with the Porsche 959, Porsche decided to use a mechanical system of torque division for its Carrera 4, a torque-split differential which performs basic torque division without delay. The disadvantage of fixed torque division by the torque-split differential must be balanced by a complexly-controlled differential brake. In contrast to the 959, the Carrera 4 uses high-pressure hydraulics to operate its differential brake, permitting the most rapid possible action.

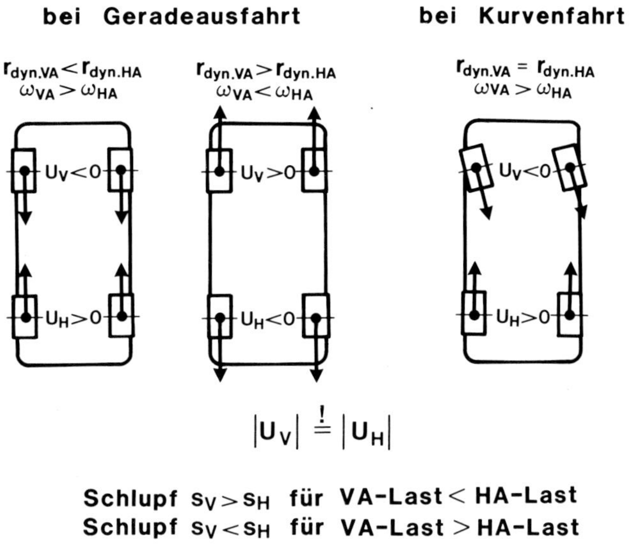

Bild 11: Verspannungszustände am Allradfahrzeug ohne vollständigen Drehzahlausgleich infolge von unterschiedlichen Reifenabrollradien und bei Kurvenfahrt.

Ill 11: pre-loading conditions of all-wheel-drive vehicle without complete rev balance due to differing tire rolling radii and when cornering.

All-wheel-drive concepts

Technically we can differentiate between two basically different construction modes for all-wheel drive (Ill 12):

a) Drive torque will be divided between the two vehicle axles with the aid of a differential, from the first. These are "differential-controlled" all-wheel-drive systems. They meet the demands of revolution balance between the two axles in ideal manner without a differential brake. Since torque to the other axles will be determined by the axle with lowest adhesion, using a differential, traction of an all-wheel-drive vehicle with torque-split differential can even be poorer under certain circumstances than that of a single-axle-drive vehicle. For this reason, differential-controlled all-wheel-drive systems are always fitted with a differential brake or lock which intentionally prevents revolution balance between the axles.

b) Drive torque is initially directed to one axle only, the main drive axle. The "secondary" drive axle is connected to the primary axle by a clutch, which is why we call this method a "hang-on" design. These are "clutch-controlled" all-wheel systems. Drive torque taken from the primary axle and directed to the secondary axle depends on the characteristics of the clutch. If this is a rigid, form-locked clutch, torque flow to the two axles will be proportional to relevant wheel loads. Such systems, however, offer no revolution balance between the axles and thus lead to pre-loading, which can be detrimental to driving safety, so that they should not be considered further. Systems with controlled-slip safety clutches as well as clutches with characteristic curves determined by rev differentials avoid such pre-loading.

Allradkonzepte

Technisch kann man zwei grundsätzlich verschiedene Bauweisen bei Allradantrieben unterscheiden (Bild 12):

a) Das Antriebsmoment wird mit Hilfe eines Differentials von vornherein auf beide Fahrzeugachsen verteilt. Dies sind die „differentialgesteuerten“ Allradsysteme. Sie erfüllen ohne Differentialbremse die Forderung nach dem Drehzahlausgleich zwischen den beiden Achsen in idealer Weise. Da beim Differential jedoch das Drehmoment zu den Achsen von der Achse mit dem geringsten Kraftschluß bestimmt wird, kann die Traktion eines Allradfahrzeugs mit Verteilerdifferential unter gewissen Bedingungen schlechter sein als die eines einachsgetriebenen Fahrzeugs. Aus diesem Grunde werden differentialgesteuerte Allradsysteme stets mit Differentialbremsen oder Sperren ausgerüstet, die den Drehzahlausgleich zwischen den Achsen gezielt behindern.

b) Das Antriebsmoment wird zunächst nur zu einer Achse, der Hauptantriebsachse, geleitet. Die zweite, „sekundäre“ Antriebsachse ist über eine Kupplung an die Primärachse angehängt, weshalb man diese Bauweise auch als „Hang-On“-Bauweise bezeichnet. Dies sind die „kupplungsgesteuerten“ Allradsysteme. Das von der ersten Achse abgezweigte, zur Sekundärachse geleitete Antriebsmoment hängt nun von der Charakteristik der Kupplung ab. Handelt es sich um eine formschlüssige, starre Kupplung, so ist der Momentenfluß zu den beiden Achsen proportional zu den jeweiligen Radlasten. Solche Systeme haben jedoch keinen Drehzahlausgleich zwischen den Achsen und führen daher zu Verspannungen, welche der Fahrsicherheit abträglich sein können und sollen daher nicht weiter betrachtet werden. Diese Verspannungen werden bei Systemen mit gesteuerten Rutschkupplungen sowie bei Kupplungen mit drehzahldifferenzabhängiger Kennlinie vermieden.

Bei Systemen mit Verteilerdifferential muß man sich zur Zeit noch für ein festes Verteilungsverhältnis entscheiden. Diese feste Momentenverteilung führt beim Beschleunigen durch die sich ändernden Radlasten zu einer veränderlichen Kraftschlußbeanspruchung an den Rädern des Fahrzeugs.

Bild 13 zeigt die bei Geradeausfahrt erforderlichen Kraftschlußbeiwerte an den Achsen des Fahrzeugs als Funktion der Längsbeschleunigung. Wird beim Gasgeben die Kraftschlußgrenze an einer Achse überschritten (dies geschieht immer dann, wenn die Längsbeschleunigung in g größer ist als der verfügbare Kraftschlußbeiwert zwischen Straße und Fahrbahn), so werden die Räder der Achse mit dem zugehörigen Überschußmoment beschleunigt und drehen durch, wobei sich große Schlupfwerte einstellen können.

Wie man erkennt, weist bei der gezeigten Auslegung des Carrera 4 mit einer Momentenverteilung von 31 : 69 (Vorderachse : Hinterachse) bis zu einer Längsbeschleunigung von 0,56 g die Hinterachse die größeren Kraftschlußbeiwerte auf, während bei höheren Längsbeschleunigungen die Vorderachse den größeren Kraftschlußbedarf benötigt. Da die Kraftschlußgrenze auf Fahrbahnen mit hohem Kraftschlußbeiwert (trocken, feucht) aus Leistungsgründen kaum erreicht werden kann, spielt dieser Wechsel der begrenzenden Achse in der Praxis keine Rolle.

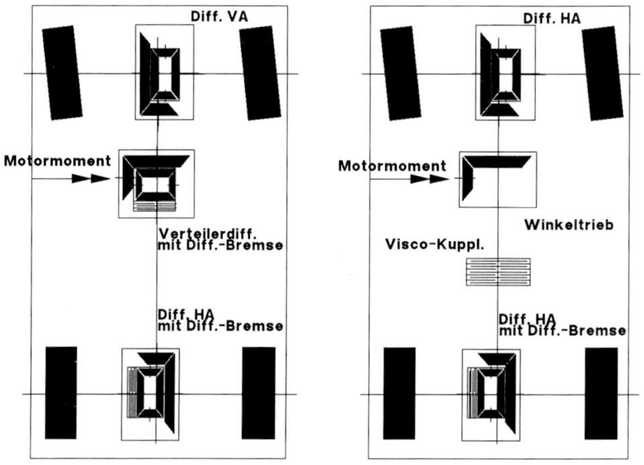

Allrad mit Verteiler   'Hang-On'-System

Bild 12: Verschiedene Allradsysteme: Drehmomentverteilung mit Verteilerdifferential oder durch Anhängen einer Achse an die Hauptantriebsachse mittels einer Kupplung („Hang-On“-Systeme).

Ill 12: various all-wheel-drive systems; torque distribution with transfer case or by attaching one axle to the main drive axle by means of a clutch (“hang-on” system).

When it comes to systems using a torque-split differential, one must currently decide on a fixed split ratio. This fixed torque split leads to varying adhesion demands at the wheels of the vehicle during acceleration, due to altered wheel loading.

Ill 13 shows the necessary adhesion coefficients for straight forward motion at the axles of a vehicle, as a function of longitudinal acceleration. If the adhesion limit at one axle is exceeded through more throttle (this always occurs when longitudinal acceleration in g is larger than the available adhesion coefficient between road and driven path), the wheels on the axle with relevant excess torque will accelerate and spin, so that larger slip values can occur.

As you will recognize, from the arrangement chosen for the Carrera 4, with a torque split of 31:69 (front: rear axles), up to longitudinal accelerations of 0.56 g, the rear axle produces greater adhesion coefficients, whereas, with higher longitudinal acceleration, the front axle requires more adhesion. Since the adhesion limit on a surface with high adhesion coefficient (dry, damp) can scarcely be reached for performance reasons, this change at the limiting axle is unimportant in practice.

If one of the two axles does reach the adhesion limit its wheels will spin and torque to the other axle will be restricted to the value of wheels on the spinning axle. To avoid this, systems with a torque-split differential require a differential brake. This functions by rerouting drive torque to the axles in relation to the revolution difference of the axles or/and that of overall drive torque, when a variation in revolutions arises.

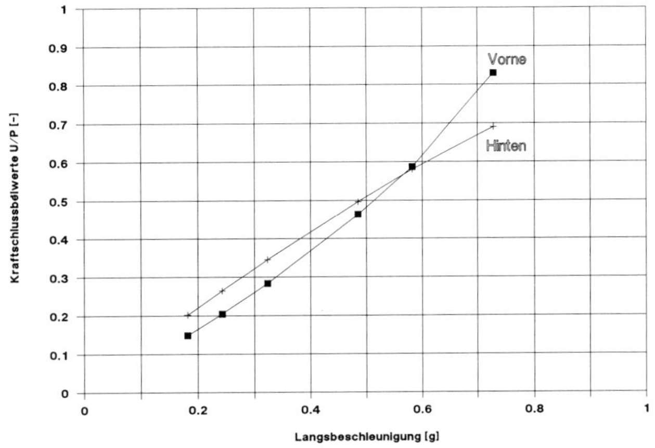

Bild 13: Kraftschlußbedarf über der Längsbeschleunigung beim Carrera 4 mit Momentenverteilung 31 : 69 (Vorderachse : Hinterachse).

Ill 13: adhesion requirements over longitudinal acceleration for the Carrera 4 with 31 : 69 torque split (front : rear axles).

Ill 14 shows the required locking moment necessary to achieve the same adhesion for both axles. If a lock is provided, this (approximated) locking moment will occur, irrespective of the locking characteristic. Lockup characteristic, however, determines the slip which then occurs.

For the Carrera 4, lockup characteristic is realized as regulation of revolution variation between the axles. The torque-split differential remains completely open so long as rev variations between the two axles remain within given limits. These limits are adjusted independently by the control unit to accommodate altered peripheral conditions such as negotiating a tight corner or changed rolling radii, as a means for avoiding undesirable preloading.

Information on wheel revolutions is constantly available to the control unit where axle revolution variations, among other things, are computed from it. When permitted limits are exceeded the control unit changes the valves of a hydraulic system to build pressure and oil under pressure flows to the operating cylinder of the differential brake. Pressure on the multi-disk clutch is increased until revolution variations return to within the permitted limits. Thereafter the control unit reduces pressure in the system again. The strength of the locking moment which occurs depends largely on road surface conditions. For slippery surfaces only a modest locking moment is required, in order to keep axles within their slip limits.

The demand for steerability, formulated previously, requires a tail-dominant moment split for vehicles with a torque-split differential, such as the Carrera 4 provides, up to median acceleration values. Lockup regulation does not prevent slip differences initially produced as a result of moment division and demonstrable as revolution variations between the axles. Limits at which lockup control begins are selected so that a certain increase of steerability is achieved. However,

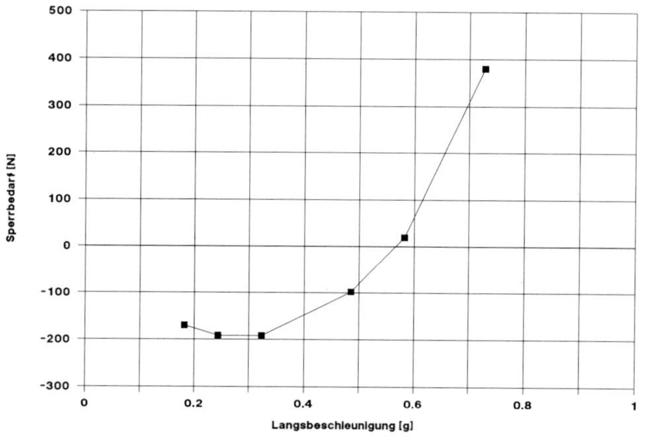

Bild 14: Sperrbedarf zwischen den Achsen, wenn beide Achsen auf gleiche Kraftschluß-beiwerte gebracht werden sollen.

Ill 14: locking requirement between axles when both are to be brought to identical friction coefficients.

Erreicht eine der beiden Achsen die Kraftschlußgrenze, so würden deren Räder durchdrehen und das Moment zu anderen Achse würde auf den Wert der durchdrehenden Achse begrenzt werden. Um dies zu verhindern, benötigen Systeme mit Verteilerdifferential eine Differentialbremse. Diese bewirkt beim Auftreten einer Drehzahldifferenz eine Umverteilung der zu den Achsen geleiteten Antriebsmomente in Abhängigkeit von der Drehzahldifferenz der Achsen oder/und vom gesamten Antriebsmoment.

Das Bild 14 zeigt die erforderliche Sperrkraft, welche zum Erreichen eines gleichen Kraftschlusses an beiden Achsen erforderlich ist. Ist eine Sperre vorhanden, so wird sich unabhängig von der Sperrencharakteristik stets (näherungsweise) dieser Sperrkraft einstellen. Die Sperrencharakteristik bestimmt aber den dabei auftretenden Schlupf.

Beim Carrera 4 wurde als Sperrencharakteristik eine Regelung der Drehzahldifferenz zwischen den Achsen realisiert. Das Verteilerdifferential ist solange völlig offen, wie sich die Drehzahldifferenz zwischen den beiden Achsen innerhalb von vorgegebenen Grenzen bewegt. Diese Grenzen werden vom Steuergerät selbständig an veränderte Randbedingungen wie enge Kurvenfahrt und veränderte Reifenabrollradien angeglichen, wodurch ungewollte Verspannungen vermieden werden.

Dem Steuergerät stehen laufend die Informationen über die Raddrehzahlen zur Verfügung, aus denen u. a. die Achsdrehzahldifferenz berechnet wird. Werden die zulässigen Grenzen überschritten, schaltet das Steuergerät die Ventile der Hydraulikeinheit auf Druckaufbau und es fließt Drucköl zum Betätigungszylinder der Differentialbremse. Dabei wird der Anpreßdruck der Lamellenkupplung solange erhöht, bis die Drehzahldifferenz wieder in die zulässigen Grenzen zurückgeht. Anschließend baut das Steuergerät den Druck im System wieder ab. Die Höhe des dabei entstehenden Sperrmomentes hängt im wesentlichen vom Fahrbahnzustand ab. Bei glatter Fahrbahn ist nur ein geringes Sperrmoment erforderlich, um die Achsen innerhalb der Schlupfgrenzen zu halten.

Die früher formulierten Anforderungen zur Lenkfähigkeit erfordern bei Fahrzeugen mit Verteilerdifferential eine heckdominante Momentenverteilung, wie sie auch im Carrera 4 bis zu mittleren Beschleunigungswerten vorhanden ist. Durch die Sperrenregelung wird die sich infolge der Momentenverteilung einstellende Schlupfdifferenz, die sich als Drehzahldifferenz der Achsen äußert, zunächst nicht behindert. Die Grenzen, bei der die Sperrenregelung einsetzt, sind so gewählt, daß eine gewisse Erhöhung der Lenkfähigkeit erreicht wird. Allerdings ist dies nur auf glatten Fahrbahnen oder bei Leistungseinsatz bei hohen Querbeschleunigungen spürbar.

Wie unterscheidet sich nun das Allradsystem des Carrera 4 von anderen Allradsystemen mit Verteilerdifferential?

Betrachten wir zunächst ein Verteilerdifferential mit momentengesteuerter Differentialbremse, wie es z. B. das Torsen-Differential darstellt. Eine derartige momentengesteuerte Differentialbremse benötigt nur eine verschwindend kleine Drehzahldifferenz zur Umverteilung des Antriebsmoments, da das Sperrmoment auf der Reibung zwischen den Elementen des Differentials beruht. Die Höhe des Sperrmomentes hängt dabei vom insgesamt durchgesetzten Antriebsmoment ab. Hohes Antriebsmoment bedeutet daher starke Sperrwirkung, niedriges Antriebsmoment niedrige Sperrwirkung. Es ergibt sich eine Kennung über der Achsdrehzahldifferenz entsprechend Bild 15.

Bild 15: Drehmomentanteil der Hinterachse als Funktion der Drehzahldifferenz der Achsen für ein Fahrzeug mit momentengesteuerter Differentialbremse.

Ill 15: torque share of the rear axle as a function of rev difference between the axles for a vehicle with torque-controlled differential lock.

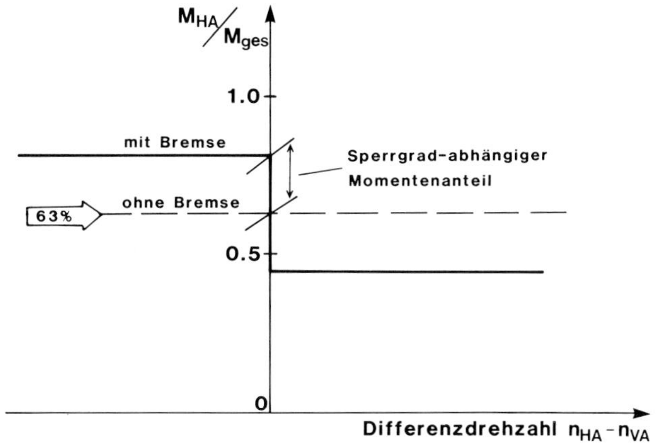

this is only detectable on a slippery surface or upon application of power with high lateral acceleration.

How does the all-wheel-drive system of the Carrera 4 differ from other all-wheel-drive systems with torque-split differentials?

Consider first a torque-split differential with moment-controlled differential brake, as represented by the Torsen differential, for instance. Such a torque-controlled differential brake requires only a minute revolution variation to reroute drive torque, since lockup moment depends on friction between elements of the differential. Dimension of the lockup moment depends on the total drive torque put through. High drive torque thus means strong lockup effect, low drive torque a low lockup effect. We obtain a characteristic curve over axle revolution variations, as in Ill 15.

Since torque rerouting occurs immediately upon initiation of reversal of rotation, such a lockup system cannot fulfill the requirements for effecting a defined rev or slip difference. With a Torsen differential only layouts for neutral handling are possible. Still, conditions are good when it comes to traction.

Furthermore, it is a characteristic of torque-controlled differential locks that a balance movement is only possible after the torque ratio, defined by the degree of lockup, has been exceeded. This means that the driveline is locked in dependence on load over a wide range. The system does not adjust to differences in tire circumference or axle revolution variations in tight corners. Without drive torque, lockup moment which does occur is low so that compatibility with demands for braking stability does exist.

Among differential brakes dependent on revolution variations, prior to appearance of the Carrera 4, only systems with a passive element, the so-called viscous coupling, were available on the market. The characteristic curves of both systems are compared in Ill 16.

Unlike a system with moment curve, with rev-variation control the size of the lockup moment remains open, within the framework of limits achievable by the system. The important point is that there is no torque rerouting before the control limit is reached. Revolution thresholds can be altered in dependence on speed so that we approach the ideal for slip-dependent torque rerouting.

Such characteristic curves are favorable for differential brakes with fixed torque traits which display a clear vertex between lockup moment need and available lockup moment when the desired revolution – respectively slip – difference is reached.

Note that with a viscous coupling the vertex must lie in the linear or mildly degressive area in order to establish a defined operating point at all. Such a layout, however, is contrary to the demands for braking stability and compatibility with ABS systems. Breakaway moment, which occurs in the viscous coupling as a result of friction in the seals et cetera, is not negligible and must be considered in the layout.

Since the viscous coupling is a passive system, without knowledge of driving condition of a vehicle and individual wheel revolutions, drive moment rerouting also occurs when cornering and as a result of various rolling radii. For these reasons, such a system was never considered for the Carrera 4.

With clutch-controlled torque transmission ("hang-on" drive) torque transmitted by the hung-on axle depends on the characteristics of the clutch as well as revolution variations between the two axles. These result not only from slip conditions at the wheels but also from geometrically-caused revolution variations when cornering.

Da die Momentenumverteilung sofort beim Auftreten der Drehrichtungsumkehr erfolgt, kann ein derartiges Sperrsystem nicht die Forderung nach Einstellung einer definierten Drehzahl- bzw. Schlupfdifferenz erfüllen. Es sind mit Torsen-Differential nur Auslegungen für neutrales Fahrverhalten möglich. Dafür ergeben sich günstige Voraussetzungen im Hinblick auf die Traktion.

Bemerkenswert ist bei momentengesteuerten Differential-Sperren weiterhin, daß eine Ausgleichsbewegung nur nach Überschreiten des durch den Sperrgrad definierten Momentenverhältnisses möglich ist. Das bedeutet, daß der Antriebsstrang lastabhängig in weiten Bereichen starr gesperrt ist. Eine Anpassung des Systems an Unterschiede in den Abrollradien der Reifen oder an die Achsdrehzahldifferenzen bei enger Kurvenfahrt erfolgt nicht. Ohne Antriebsmoment ist das auftretende Sperrmoment gering, so daß die Kompatibilität mit den Anforderungen zur Bremsstabilität gegeben ist.

Bei drehzahldifferenzabhängigen Differentialbremsen waren vor dem Erscheinen des Carrera 4 nur Systeme mit einem passiven Element, der sogenannten Viscokupplung, auf dem Markt. Die Kennlinien dieser beiden Systeme sind in Bild 16 miteinander verglichen.

Im Unterschied zu den Systemen mit Momentenkennlinie ist bei der Drehzahldifferenzregelung die Höhe des Sperrmoments im Rahmen der vom System erreichbaren Grenzen beliebig. Wesentlich ist, daß vor Erreichen der Regelgrenzen keinerlei Momentenumverteilung stattfindet. Die Drehzahlschwellen können geschwindigkeitsabhängig verändert werden, so daß man sich dem Ideal der schlupfabhängigen Momentenumverteilung nähert.

Bei den Differentialbremsen mit fester Momentenkennung sind solche Kennlinien günstig, bei denen sich bei Erreichen der gewünschten Drehzahl- bzw. Schlupfdifferenz ein deutlicher Schnittpunkt zwischen Sperrmomentenbedarf und verfügbarem Sperrmoment ergibt.

Man beachte, daß man bei der Viscokupplung den Schnittpunkt in den linearen oder leicht degressiven Bereich legen muß, damit überhaupt ein definierter Betriebspunkt gefunden wird. Eine solche Auslegung steht jedoch im Widerspruch zu den Anforderungen nach Bremsstabilität und Kompatibilität mit ABS-Systemen. Das an der Viscokupplung infolge Reibung in den Dichtungen usw. auftretende Losbrechmoment ist nicht vernachlässigbar und muß bei der Auslegung berücksichtigt werden.

Da die Viscokupplung ein passives System ist, welches keine Kenntnis über den Fahrzustand des Fahrzeuges und die einzelnen Raddrehzahlen besitzt, findet eine Umverteilung des Antriebsmomentes auch bei Kurvenfahrt und infolge von unterschiedlichen Radabrollradien statt. Aus diesen Gründen kam ein derartiges System für den Carrera 4 nicht in Frage.

Bei der kupplungsgesteuerten Momentenübertragung („Hang-On"-Antriebe) hängt das an die angehängte Achse übertragene Moment von der Charakteristik der Kupplung ab sowie von der Drehzahldifferenz der beiden Achsen. Diese ergibt sich nicht nur aus den Schlupfverhältnissen an den Rädern, sondern auch aus den geometrisch bedingten Drehzahldifferenzen bei Kurvenfahrt.

Im Gegensatz zu Verteilerdifferentialsystemen können bei „Hang-On"-Antrieben nicht ohne weiteres positive Antriebsmomente zu einer Achse geleitet werden, die mit einer höheren Drehzahl als die Hauptantriebsachse läuft (Bild 17).

Abschließend sollen einige „Hang-On"-Kupplungssysteme erörtert werden. Die „Porsche Steuer-Kupplung" (PSK) ist eine hydraulisch betätigte, elektronisch gesteuerte Lamellenkupplung, wie sie z. B. im Porsche 959 zum Antrieb der Vorderachse eingesetzt wird. Es sind verschiedene Steuer- bzw. Regelprinzipien für das durchgesetzte Moment möglich (Bild 18).

Bei der Viscokupplung handelt es sich um eine Lamellenkupplung mit Momentenübertragung über Scherung eines viskosen Mediums, wie sie in kleinerer Ausführung auch als Differentialbremse eingesetzt werden kann. Die Kennlinie ist degressiv abhängig von der Drehzahldifferenz zwischen Eingangs- und Ausgangswelle. Starke Progressivität möglich bei Temperaturerhöhung als Folge der Energiezufuhr („Hump"-Effekt). Eingesetzt u. a. im VW-

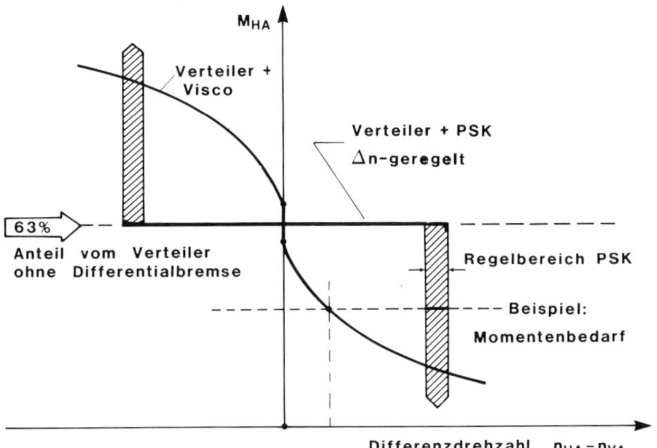

Bild 16

Bild 16: Drehmomentenverlauf zur Hinterachse als Funktion der Drehzahldifferenz für Fahrzeuge mit drehzahldifferenzgesteuerten Differentialbremsen. Vergleich Viscokupplung und Regel-Differential-Bremse System Porsche (PSK = Porsche-Steuer-Kupplung)

Ill 16: torque flow to rear axle as function of the revolution difference for vehicles with rev-difference-controlled differential brakes. Comparison of visco-clutch and regulated differential brake, system Porsche (PSK = Porsche control clutch).

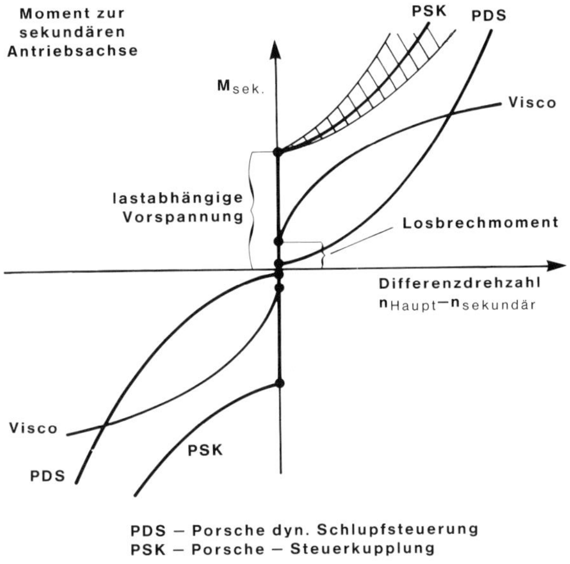

Bild 17

Bild 17: Drehmomentverlauf zur sekundären Antriebsachse über der Differenzdrehzahl für verschiedene kupplungsgesteuerte Allradsysteme. Vergleich zwischen Viscokupplung und PSK-Kupplung.

Ill 17: torque flow to secondary drive axle over differential revolutions for various clutch-controlled all-wheel-drive systems. Comparison of visco-clutch and PSK clutch.

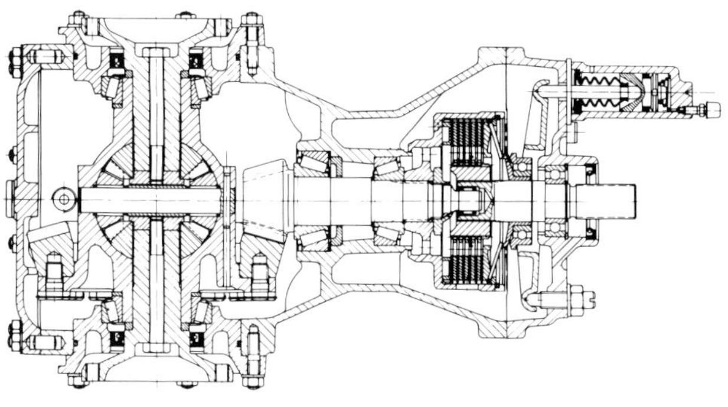

Bild 18

Bild 18: Porsche-Steuer-Kupplung (PSK) im Vorderachsantrieb des Porsche 959, gesteuert in Abhängigkeit vom Antriebsmoment und der Achsdrehzahldifferenz.

Ill 18: Porsche control clutch (PSK) in front-axle drive of Porsche 959, controlled in relation to drive torque and axle revolution differences.

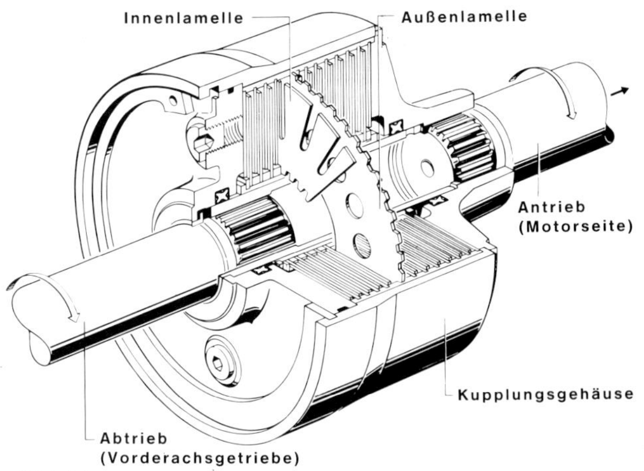

Bild 19

Bild 19: Viscokupplung für drehzahldifferenzgesteuerte Momentenübertragung (Volkswagen Bus Syncro).

Ill 19: visco-clutch for rev-variation-controlled torque transmission (Volkswagen Bus Syncro).

Unlike torque-split differential systems, positive drive torque cannot simply be directed to one axle if it is turning at higher revolutions than the primary drive axle when using "hang-on" drive (Ill 17).

In conclusion we should mention a few "hang-on" clutch systems. The "Porsche Steuer-Kupplung" (PSK or Porsche controlled clutch) is a hydraulically-operated, electronically-controlled, multi-disk clutch used, for instance, to drive the front axle of the Porsche 959. Various control, respectively regulatory, principles are possible for moment transmittal (Ill 18).

The viscous coupling is a laminated clutch with torque transmission via shear in a viscous medium, also usable in a smaller version as a differential brake. The characteristic curve is degressive, dependent on revolution variations between input and output shafts. Strong progressiveness is possible with temperature increase as a result of energy feed ("hump" effect). Used, among others, in the VW Transporter to drive the front axle and in the VW Golf Syncro to drive the rear axle (Ill 19). The Porsche PDS clutch is another clutch system for all-wheel-drive vehicles, with parabolic transfer characteristics, although we won't look into it further here. The reader is referred to the literature sources on this subject.

An improvement of steerability with good controllability can be achieved through the use of the rear axle as primary drive axle and the front axle as "hang-on" axle, as chosen for the 959. In this regard it is superior to the system with torque-split differential since, initially, 100 percent of all drive torque is available at the rear axle, as it would be with rear-wheel drive. Controllability is assured when progressive increase of front axle torque occurs over axle revolution difference.

Among the clutch elements mentioned, only the complex "Porsche Steuer-Kupplung" (PSK) is suitable for torque-controlled drive moment transmission, as realized in the 959. By using appropriate sensors in the engine, drive torque is estimated and desired drive

Transporter zum Antrieb der Vorderachse und im VW Golf Syncro zum Antrieb der Hinterachse (Bild 19). Ein weiteres Kupplungssystem für Allradfahrzeuge ist die Porsche PDS-Kupplung mit einer parabolischen Übertragungscharakteristik, auf die jedoch hier nicht weiter eingegangen werden soll. Der Leser sei auf das Schrifttum zum Thema verwiesen.

Eine Verbesserung der Lenkbarkeit bei guter Kontrollierbarkeit läßt sich erreichen durch eine Auslegung mit der Hinterachse als Hauptantriebsachse und der Vorderachse als „Hang-On"-Achse, wie sie beim 959 gewählt wurde. Sie ist in dieser Hinsicht dem System mit Verteilerdifferential überlegen, da zunächst wie beim Hecktriebler 100 Prozent des Antriebsmoments an der Hinterachse zur Verfügung stehen. Die Kontrollierbarkeit ist dann gewährleistet, wenn über der Achsdrehzahldifferenz progressiv eine Zunahme des Vorderachsmoments erfolgt.

Von den angesprochenen Kupplungselementen eignet sich nur die aufwendige „Porsche Steuer-Kupplung" für eine momentengesteuerte Antriebsmomentenübertragung, wie sie im 959 realisiert ist. Durch geeignete Sensoren am Motor wird auf das Antriebsmoment geschlossen, sodann nach einer Verteilungsstrategie das gewünschte Antriebsmoment zur Zusatzantriebsachse festgelegt und die Kupplung mit dem entsprechenden Druck beaufschlagt.

Infolge der Steuerbarkeit sind im Prinzip beliebige Abhängigkeiten für das durchgesetzte Moment möglich, allerdings mit den Einschränkungen, die sich aus dem Prinzip der Reibungskupplung und des „Hang-On"-Betriebes ergeben.

Ist bei momentengesteuertem Betrieb das Antriebsmoment an der Hauptantriebsachse zu groß (durch unterschiedliche Kraftschlußbeiwerte) und dreht diese deshalb durch, so entstehen große Schlupfdifferenzen. Aus diesem Grunde erfordert ein momentengesteuerter Betrieb in jedem Fall eine zusätzliche Schutzfunktion, mit der beim Auftreten von zu großen Differenzdrehzahlen das Sperrmoment angehoben wird.

Nach sorgfältiger Abwägung aller dieser Möglichkeiten und Auswertung der Erfahrungen mit dem 959 entschied sich Porsche beim Carrera 4 für das differentialschlupfgesteuerte Allradsystem.

Schrifttum

Möllers, W. u. Müller, R.: Der Antriebsstrang allradgetriebener Personenkraftwagen. VDI-Bericht 579, 1986

Bensinger, J.: Das AUDI-Prinzip für den PKW-Allradantrieb. VDI-Fortschritt-Berichte Reihe 12, Nr. 81

Stork, W.: BMW 325 iX Allrad. ATZ 9/85

Bantle, M. u. Bott, H.: Der Porsche 959 – Gruppe B – ein besonderes Automobil. ATZ 5/86 – 8/86 (4teilig)

Müller, R. u. Witte, L.: „PDS" – ein neues Antriebssystem für Allradfahrzeuge. ATZ, 11-12/88

Dießner, E.: Die Visco-Kupplung für den PKW-Allradantrieb am Beispiel des Volkswagen Syncro. VDI-Fortschritt-Berichte Reihe 12, Nr. 81

"Hang-On"-System: Antrieb und Hinterachse des Volkswagen Golf Syncro mit aufgeschnittener Viscokupplung.

"Hang-on" system: drive and rear axle of the Volkswagen Golf Syncro with sectioned visco-clutch.

moment to the additionally-driven axle determined in keeping with a split strategy, and the clutch provided with relevant pressure.

Due to controllability, any desired dependency for the transmitted moment is possible in principle, with restrictions, however, which evolve from the principles of a friction clutch and "hang-on" operation.

If drive torque to the primary axle is too large with moment-controlled operation (due to varying adhesion coefficients) so that it spins, large slip differentials will occur. For this reason, moment-controlled operation requires, in every case, an additional protective function which will increase the lockup moment when excessive differences in revolutions occur.

Additional influence possibilities are provided by including pre-loading for the clutch. Other demands, like eventual cut-off when braking, can be fulfilled very easily by this system.

Following thorough consideration of all these possibilities and evaluation of 959 experience, Porsche settled on a differential-slip-controlled, all-wheel-drive system for its Carrera 4.

Sources

Möllers, W and Müller, R.: Der Antriebsstrang allradgetriebener Personenkraftwagen. VDI Report 579, 1986.

Bensinger, J.: Das AUDI-Prinzip für den PKW-Allradantrieb. VDI Fortschritt-Reports, Series 12, No 81.

Stork, W.: BMW 325iX Allrad. ATZ 9/85.

Bantle, M and Bott, H.: Der Porsche 959 – Gruppe B – ein besonderes Automobil. ATZ 5/8-8/86 (4 parts).

Müller, R and Witte, L.: "PDS" – ein neues Antriebssystem für Allradfahrzeuge. ATZ, planned 10/88.

Diessner, E.: Die Visco-Kupplung für den PKW-Allradantrieb am Beispiel des Volkswagen Syncro. VDI Fortschritt-Reports, Series 12, No 81.

Drehzahldifferenz-gesteuertes Antriebssystem: Das Transaxle-Fahrwerk des Carrera 4.

Revolution-difference-controlled drive system: transaxle chassis of the Carrera 4.

Henry Keller

Grünes Licht

Mein erstes Facelift habe ich noch vor mir. Am besten mache ich es so wie Porsche beim Carrera 4: Innen alles neu, außen alles beim alten. Einen neuen Motor könnte ich gut gebrauchen, ein neues Fahrwerk auch, mit elektronischer Regelung. Eine neue Karosserie – wozu? Allenfalls ein paar Stellen c_W hinter dem Komma – das wäre nicht schlecht.

Bei Porsche nennen sie es Facelift, wenn ein Auto zu 85 Prozent erneuert wird und nur die 15 Prozent, die man sieht, gleichbleiben. Marketingmenschen ringen die Hände ob dieser Geldausgabe für bloße Technik, 911-Puristen wie ich werden dadurch milde gestimmt. Man kann das Auto noch erkennen. Zwar ziehe ich die Augenbrauen hoch, wenn ich sehe, daß die Faltenbälge nicht mehr da sind. Aber das muß ich einsehen – es ist wegen der c_W.

Es sind genau 0,065, die herausoptimiert wurden. Das bringt viel, man merkt beim Fahren: Über 200 tut sich das Auto müheloser beim Beschleunigen. Wir haben es schon in der Schule gelernt: Der Luftwiderstand wächst im Quadrat zur Geschwindigkeit.

Wenn ich mich liften lasse, würde ich mir keinen Spoiler zulegen. Die Weissacher Kosmetikabteilung hat dies Teil nun ebenfalls abgeschafft. Bisher noch Extra beim 911, blieb beim Carrera 4 davon nur ein Rändchen übrig. Was sich während der Fahrt mit diesem Rändchen tut, fällt nicht einmal im Rückspiegel auf. Wer hinter mir fährt, sieht davon mehr als ich. Vielleicht freut er sich darüber.

Die Rückstufung des Spoilers zum aerodynamischen Funktionsteil macht ihn für mich akzeptabel. Bei Seitenwind habe ich bisher auch ohne Spoiler kein Gas weggenommen. Es genügte, das Lenkrad ganz locker anzufassen und das Auto fahren zu lassen. Es fuhr immer in der Richtung, die ich wollte. Und meine Finger blieben dabei trocken wie ein Kaktus in der Wüste.

Mit dem neuen Spoiler werden auch andere Leute keine feuchten Finger mehr bekommen, wenn die Luft Turbulenzen oder die Fahrbahn Bodenwellen hat. Es geht auf der Geraden immer geradeaus, und in schnellen Kurven wird das Auto hinten nicht leichter, als es ist. Daß die hübsche Zahnrad-Mimik unter der Motorhaube immer funktioniert – daran zweifle ich nicht. Und in Weissach haben sie mir versprochen, daß der Motor nun viel sauberer bleibt.

Mit diesem Spoiler, dem Null-Auftrieb und der c_W-Verbesserung ist der neue Look des Carrera 4 für mich motiviert. Das Auto blieb ein Elfer. Auch beim Einstieg stört mich nichts, denn Türen, Sitze und Lenkrad gehören zu den unveränderten 15 Prozent. Die liebgewordenen, ebenso unverständlichen wie wirkungslosen roten und blauen Hebel der Lüftung dagegen sind verschwunden, auch der Wärme-Drehknopf auf dem Tunnel.

Wollen wir ihnen nachtrauern? Was an ihrer Stelle eingebaut wurde, ist zwar zum Teil vom Lenkrad verdeckt, läßt sich aber auch blind richtig bedienen. Die neue Regelung, ein Wunderwerk der Heizungswissenschaft, war in dem Vorserienauto noch nicht aktiviert. Aber ich glaube es den Entwicklern, daß die Luft-Wechselbäder und damit auch das Spielen am Temperaturknopf ihr Ende gefunden haben.

In den Instrumenten leuchten eine Menge bunte Bildchen auf, wenn ich den Schlüssel (er blieb links) umdrehe. Über die Bremsen wollen mich allein vier Lämpchen informieren. Aber das ist kein Mäusekino zur Unterhaltung beim Fahren – die Lichter gehen alle aus, wenn der Motor läuft. Nur eines von ihnen meldet sich während der Fahrt gelegentlich wieder – ich komme darauf noch zurück.

Der Motor läuft, ich höre ein vertrautes Geräusch. Es wurde leiser, was nicht jeden Elfer-Fan freut. Eine Normalisierung? Ich mache ei-

„Einen neuen Motor könnte ich gut gebrauchen, ein neues Fahrwerk auch . . .“

"I could easily use a new engine, and a new chassis as well..."

Henry Keller

Green Light

My first face-lift still lies ahead of me. It would be best to do as Porsche has with the Carrera 4: everything inside new, the exterior just like it was. I could easily use a new engine, and a new chassis as well, one with electronic control. A new body shell – why? At best, cut a few C_d digits behind the decimal point – that wouldn't be bad.

At Porsche they call it a face-lift when an autombile is 85 percent new and only the 15 percent which you can see remains the same. Marketing types wring their hands over such expenditures for mere technology, 911 purists like me are largely in favor. You still recognize the car. I do raise an eyebrow when I notice that the bumper bellows have

ne beruhigende Entdeckung: Das Geräusch eines luftgekühlten Sechszylinder-Boxers kann man nicht normalisieren. Das schafft nicht einmal Reimer Pilgrim, Weissachs Akustiker, der schon aus italienischen Motorrädern flüsternde Musterkinder gemacht hat. Der 911-Motor blieb ein luftgekühlter Sechszylinder, trotz seiner vielen Neuteile und trotz Kapsel.

Ich gebe es zu: Ich sah in der Kapsel zunächst eine Pflichtübung für Europas Antilärmgesetze. Nach dem Fahreindruck sehe ich in ihr auch eine gute Tat an Menschen, die viele Autobahnstunden im 911 zubringen. Den Innen-Lärmpegel zu reduzieren, ist kein Verstoß gegen die heiligen 911-Regeln.

Die Kapsel reduziert auch den Außenlärm, der sich beim 911 aus einer im Heck konzentrierten Mischung der mechanischen mit den Verbrennungsgeräuschen zusammensetzt. Das zuständige staatliche Meßverfahren ist heckmotor- und drehmomentfeindlich: Aus einer festen Ausgangsgeschwindigkeit muß voll beschleunigt werden, gemessen wird am Ende der Strecke. Da ist natürlich ein Carrera 4 ganz schön schnell, und so mußte, zusätzlich zur Kapsel, das Auspuffmündungsgeräusch reduziert werden. Das ergab neue Relationen: Die neue, leisere Mischung enthält mehr Mechanik. Probieren Sie es selber aus – mir gefällt's.

Die Nachricht, der Carrera 4 habe eine Servolenkung erhalten, wurde von Mitgliedern der 911-Gemeinde reserviert aufgenommen. Daß außer Fingern und Händen auch die Armmuskulatur beim Lenken mitwirken darf, gehört schließlich zu den Besonderheiten des 911. Was das Lenkrad auf der Geraden an Eigenbewegungen ausführt, muß zwar, wie gesagt, nicht unbedingt durch krampfhaftes Festhalten unterdrückt werden, je zwei Finger genügen. In Kurven aber läuft – abhängig von Fahrbahnunebenheiten und Querbeschleunigung – zwischen Fahrbahn und Fahrer ein Fitnessprogramm ab, wobei in der Art isometrischer Übungen Kraft durch Gegenkraft beantwortet wird.

Auch im Carrera 4 gibt es ein Kräftespiel, aber es ist anderer Art. Denn erstens sind mit der

„In den Instrumenten leuchten eine Menge bunte Bildchen auf, wenn ich den Schlüssel drehe . . .“

"A great many colorful little pictures light up in the instruments when I turn the key..."

disappeared. But I have to agree – that was due to the C_d value.

Precisely 0.065 was optimized out. That means a lot, as you discover on a drive: above 200 the auto accelerates more easily. We learned in our school days, air resistance grows as the square of the speed.

When I do have my lift I won't add on any spoilers. The Weissach cosmetic division has also done away with that feature. Up to now an option for the 911, the rear tray becomes no more than a modest rim on the Carrera 4. You don't even notice in the rearview mirror when this rim is working during a trip. Anybody behind me will see more than I do. Perhaps it will amuse them.

Relegation of the spoiler to a functional aerodynamic component makes it acceptable for me. I didn't lift off the gas in side winds up to now, even without a spoiler. It was enough to hold the steering wheel loosely and let the car drive itself. It always went in the direction I desired. And my palms remained as dry as a cactus in the desert.

With this new spoiler other people will have dry palms as well, when air turbulence or bumps in the road appear. Your car always tracks straight down the road and its tail won't feel lighter in a fast curve than it really is. Nor do I have any doubt that the charming cogwheel mime under the engine lid will function. Weissach has promised me that the engine remains much cleaner now as well.

With this spoiler, zero lift and improved C_d, the new look of the Carrera 4 is motivated for me. The car remains a nine-eleven. Nothing upsets me when first climbing in either. Doors, seats and steering wheel are among that unchanged 15 percent. On the other hand, those beloved but confusing as well as inefficient red and blue levers for ventilation have disappeared, along with the heater knob, from the tunnel.

Shall we mourn them? That which replaces them is indeed covered in part by the steering wheel, but easy to operate blind. This new regulation, a marvel of heating science, was not yet activated in our pilot-series car. But I believe the developers who say the hot-and-cold air baths and thus that game with the temperature knob have come to an end.

A great many colorful little pictures light up in the instruments when I turn the key (still on the left). No less than four tiny lamps report on the brakes. But this is no game to amuse you underway – these lights all go out when the engine fires. Only one comes on occasionally during a drive – I'll come back to it.

The engine fires and I hear a familiar sound. It is quieter, which won't appeal to every nine-eleven fan. Normalization? I make a comforting discovery: you can't normalize the sound of an air-cooled, six-cylinder boxer. Not even Reimer Pilgrim, Weissach acoustics man who has turned Italian motorcycles into whispering paragons, could manage that. The 911 engine remains an air-cooled six, despite many new parts and despite a capsule.

I will admit: I initially considered that capsule a necessity for European anti-noise regulations. Following my driving impressions I now consider it a good deed for those who will spend many freeway hours in a 911. Reducing interior decibel levels is no attack on holy 911 standards.

The capsule also reduces noise to the outside, combined in the 911 tail as a concentrated mixture of mechanical and combustion noises. Applicable government measurement procedures are biased against rear engines and torque. You must accelerate fully from a given starting speed, to be measured at the end of the course. A Carrera 4 is naturally going very quickly there and thus needs a reduction in exhaust outlet noise as well as the capsule. This brought new relationships: the new, quieter mixture contains more mechanical noise. Try it yourself – I like it.

The news that this Carrera 4 has servo steering was received with reservation by members of the 911 community. After all, it was one of the 911's features that arm musculature as well as fingers and hands had

BB PW 215

neuen Radaufhängungs-Geometrie die Kräfte kleiner geworden, und zweitens übernimmt nun die Servopumpe einen Teil der Gegenkraft.

So kann der Carrera 4 als mobiler Fitnesstrainer kaum noch genutzt werden. Man kommt nicht umhin, zur Instandhaltung der Muskeln zusätzliche Übungen ins Programm aufzunehmen – zum Beispiel Liegestütz. Das 911-Fahren hat im Carrera 4 nicht mehr den Charakter eines Kampfes, sondern eher den eines Spieles mit den Naturgewalten.

Ganz abgesehen von der Seelenruhe, die von sensibleren Naturen Besitz ergreift, wenn sie der Sorge enthoben sind, daß ihnen eine Bodenwelle mitten in der Kurve unsanft das Lenkrad aus der Hand nimmt. Allerdings – vorhanden sind die Naturgewalten immer noch, dafür sorgt schon die Zahl von fünfmal fünfzig PS.

Sie wollen gezügelt werden. Aber nicht mehr entschlossener Krafteinsatz ist gefragt, sondern planvolle Disposition. Der Fahrer managt das Fahrzeug, er entscheidet wohin, wie schnell und auf welcher Linie. Das System führt die Weisungen aus.

Dies, so zeigt sich schon auf den ersten Kilometern, ist der Sinn der auf alle Räder ausgedehnten Antriebstechnik und der Elektronik, die alles regelt. Die Servolenkung erweist sich als Teil des Systems, nicht als bloße Vorrichtung zum Lenken. Das System, so lerne ich bald, reagiert auf jede Richtungsänderung, auf jede Schubänderung und jeden Fahrbahneinfluß.

Das grüne Licht, das im linken Instrument schon anläßlich einer Autobahn-Querfuge oder eines Landstraßen-Schlagloches aufleuchtet, signalisiert Aktivität der Quersperre: Grün bedeutet, daß die Hinterräder anfingen, sich unterschiedlich schnell zu drehen. Beim Schlagloch ist dies meist Antriebsschlupf – das springende Rad beginnt durchzudrehen. Die Elektronik versteht schnell, daß dies kein ernstes Problem ist: Die Sperre wird wieder geöffnet, Grün erlischt.

Die Ansprechzeit der Sperren, so erfuhr ich in Weissach, liegt beim Carrera 4 unter einer Zehntelsekunde – beim 959 sind es noch drei Zehntel. Über die Anzeige kann ich dies nachprüfen, ansonsten fährt der Carrera 4 nicht anders über eine Querfuge als ein heckgetriebener Carrera – abgesehen von der um eine Spur härteren Federung.

Ganz anders in der Kurve: Hier sagt mir die grüne Lampe, daß ich drauf und dran bin, mich in den Grenzbereich der Bodenhaftung zu begeben. Dazu habe ich verschiedene Möglichkeiten: Entweder ich gebe soviel Gas, daß mein kurveninneres Hinterrad die Kraft nicht mehr auf den Boden bringt. Das würde ohne Sperre zum Durchdrehen an diesem und zum Nachlassen des Vortriebs am anderen Rad und somit zu einem nicht gerade stabilen Fahrzustand führen. Die Sperre verhindert dies – ich erfahre durch Grün, daß sie aktiv ist, und kann meine rasante Kurvenfahrt fortsetzen, wobei das Auto in gewohnter Weise leicht übersteuert und ich durch richtig dosiertes Gas und Gegenlenken dafür sorgen kann, daß es auf der Straße und in der gewünschten Linie bleibt.

Oder, Möglichkeit zwei, ich erkenne mein Tempo als zu schnell und nehme in der Kurve das Gas weg. Dies führt bekanntlich zur übersteuernden Lastwechsel-Reaktion – der Schub fällt weg, die Schräglaufwinkel der Reifen stimmen nicht mehr, das Auto dreht sich in die Kurve hinein. Diesem Gesetz kann sich kein Auto entziehen – aber die schnelle Reaktion der hinteren Quersperre mildert das Eindrehen so ab, daß es keinen Überraschungseffekt mehr mit sich bringen kann. Und darum geht's: Durch panisches Gaswegnehmen fliegen mehr Leute aus der Kurve als durch panisches Gasgeben.

Was mir das grüne Licht nicht sagt: Beim Allrad ist der Schub auf alle vier Räder verteilt, außerdem hat der Carrera 4 eine spurkorrigierende Hinterachse. Auch deshalb fällt der Lastwechsel milder aus. Aber während das Frontmotor-Allradauto gern auf allen Vieren quer aus der Kurve driftet, ist mein differentialschlupfgeregelter Carrera 4-Antrieb heckdominant ausgelegt, und entsprechend gut habe ich das Auto in der Hand – siehe Möglichkeit eins.

Das alles kann ich besonders gut auch auf nasser Bahn exerzieren, und hier wird mir klar, daß der Porsche-Allradantrieb mit Traktion

to work at steering. As already mentioned, motions of the steering wheel on a straight didn't necessarily have to be dampened by hanging on with grim determination, two fingers were enough. In curves however – depending on surface irregularities and lateral accelerations – a fitness program developed between driver and surface, with force answered by counterforce in a kind of isometric exercise.

There is a power play in the Carrera 4 too but of a different kind. For one thing, forces are smaller with new suspension geometry and secondly, the servo pump takes over a share of the counterforce.

The Carrera 4 is hardly usable as a mobile fitness trainer any more. There is no way to avoid including additional exercises in your muscle toning program – push-ups for instance. In the Carrera 4, 911 driving no longer has the character of a battle but more that of a game with natural forces.

Quite apart from that there is the soothing effect which takes hold of more sensitive natures when they are relieved of the worry that a bump in the middle of some corner will rudely snatch the steering wheel from their hands. However – natural forces are still present, amply ensured by a figure of five times fifty HP.

These want to be reined in. But determined force is no longer required, only planned disposition. A driver manages the car, deciding where, how fast and along what line. The system carries out his intentions.

As the first kilometers already indicated, this is the purpose of drive technology spread over all four wheels and electronics which control everything. Servo steering proves to be part of a system, not a mere apparatus for steering. The system, as I quickly discover, reacts to every change of direction, to every change in throttle and every surface input.

That green light which comes on in the left dial due to a freeway pavement joint or pothole in a country road signals transverse lockup action: green means that the rear wheels have begun to turn at different speeds. With the pothole this is usually wheel slip – the bouncing wheel begins to spin. Electronics quickly realize this is not a serious problem: lockup is released again and the green light goes out.

Response time for the lockup, as I learned in Weissach, is less than one tenth of a second for the Carrera 4 – it was three tenths for the 959. I can check that via the indicator, otherwise a Carrera 4 reacts no differently to the pavement joint than any rear-engine Carrera – apart from suspension which is a trace stiffer.

Cornering is a very different matter: here the green light tells me that I am occasionally operating near the limits of adhesion. I have various options: perhaps I use so much throttle that the inside rear wheel can no longer put its power onto the pavement. Without lockup, that would set it spinning, with a reduction of propulsion from the other wheel, and lead to a less-than-stable vehicle condition. Lockup prevents this – I learn from the green light that it is active and can carry on with my brisk cornering, with the automobile oversteering mildly in the usual manner. Applying proper throttle control and a bit of reverse lock I can see to it that my car remains on the road and follows the chosen path.

Or, possibility two: I realize my speed is too fast and lift off the throttle in the corner. As we know, that leads to an oversteering, load-change reaction – thrust drops, oblique slip angle of the tires no longer works, any car turns into the corner. No car can escape this law – but the rapid reaction of the rear, transverse lockup reduces turn-in so much that it no longer produces any surprise effects. That's the point: more drivers leave the road in a corner through lifting off in panic than through stepping down in panic.

What the green light doesn't tell me: thrust is divided among all four wheels with all-wheel drive and the Carrera 4 has a track-correcting rear axle as well. That is another reason load-change seems gentler. But where a front-engine, all-wheel-drive car likes to drift out of a corner on all fours, my differential-slip-controlled Carrera 4 drive is laid out for rear dominance and I thus have the car well in hand – see possibility one.

gar nicht so viel zu tun hat. An Traktion mangelt es dem Carrera auch mit zwei angetriebenen Rädern nicht – hier geht es um das Kräftespiel von Umfangs- und Seitenkräften, um Quer- und Längsbeschleunigung, Drehbewegungen um die Hochachse und Trägheitsmomente.

Wenn trotzdem der Traktions-Notstand ausbricht – der Carrera 4 hat ja auch noch eine Längssperre. Ihr rotes Signal bleibt im Normalfall dunkel – da muß schon Glatteis kommen oder die Direttissima der Eiger-Nordwand. Oder man begibt sich abseits vom rechten Weg ins Ungewisse steiniger Berge und morastiger Wiesen. Dafür hat der Carrera 4 wie jedes Allradauto einen Traktionsschalter.

Solange Rot nur gelegentlich aufleuchtet, braucht man den Schalter nicht – auf steiler Grundstückszufahrt geht es auch ohne. Mühsam angelegte Privatwege, oft von durchdrehenden Rädern zu Buckelpisten entstellt, werden durch nichts so geschont wie durch Allradantrieb. Es fliegen nicht soviel Steine, was auch dem Auto gut bekommt. Die unberechtigte, wenn auch weitverbreitete Scheu, einen Carrera abseits fester Straßen oder im Winter zu benutzen – bei diesem Auto ist sie schon gar nicht angebracht.

Machen wir uns nichts vor: Die Käufer des Carrera 4 müssen in Unsichtbares investieren. Und wissen, daß Fahren eine Sache mit Unterschieden ist. Es ist wie mit dem Essen und Trinken: Irgendwie essen und trinken kann jeder. Der Reiz der Sache beginnt erst mit den Unterschieden.

Im vorliegenden Fall sehe ich den Unterschied so: Carrera 4 bedeutet Carrera um eine Dimension erweitert. Der Allrad-Elfer hat die Probe bestanden – ich gebe ihm grünes Licht.

„Was sich während der Fahrt mit diesem Rändchen tut, fällt nicht einmal im Rückspiegel auf. Wer hinter mir fährt, freut sich vielleicht darüber . . ."

"You don't even notice in the rearview mirror when this rim is working during a trip. Anybody behind me will see more than I do. Perhaps it will amuse them..."

I can provoke all this nicely on a wet surface and there it becomes clear that Porsche all-wheel drive doesn't have all that much to do with traction. The Carrera with two driven wheels doesn't really lack traction – here we are dealing with a game of longitudinal and lateral forces, with lateral and longitudinal acceleration, rotation around the vertical axis and moments of inertia.

If a traction emergency should arise – the Carrera 4 also has a center lockup. Its red signal light normally remains dark – you'd have to get onto glare ice or the north face of the Eiger. Or find yourself off the normal route, in unknown, rocky mountains or swampy meadows. That is why the Carrera 4 has a traction switch, like every other all-wheel-drive automobile.

So long as the red only lights up occasionally, you don't need the switch – steep driveways are managed without it. Difficult private paths, often turned into shaker courses by spinning wheels, are protected better by all-wheel drive than anything else. Fewer stones are kicked up, which does the car good too. The unjustified yet widespread hesitation to take a Carrera off the paved roads or use it in winter – that doesn't even apply to this car.

Let's not fool ourselves: the buyer of a Carrera 4 must invest in the invisible. And know that driving is a matter of differences. It is similar to eating or drinking: everybody can eat or drink somehow. The real attraction comes with the variety.

In the case above I see the difference like this: Carrera 4 means a Carrera expanded by one dimension. The all-wheel-drive nine-eleven passed every test – I give it a green light.

Reinhard Seiffert

Allrad für alle?

Die Allrad-Technologie bei Serienwagen hat die Perspektiven verändert. Denn der Antrieb aller Räder schließt alle denkbaren Lösungen ein: Mit den Voraussetzungen des Allradantriebes können auch die Vorder- oder Hinterachse allein angetrieben werden, theoretisch auch zwei Räder diagonal, drei Räder oder nur ein einziges Rad. Ob und wie man diese Alternativen nutzt, ist nur eine Frage der Regelung. Antriebssysteme wie diejenigen des Porsche 959 und des Carrera 4 zeigen, daß elektronische Regelungen gerade bei Fahrzeugen mit hoher Leistung ein Optimum an Sicherheit und individueller Anpassung an Fahrer, Fahrzeug und Fahrbedingungen ermöglichen.

Dies setzt jedoch, selbst wenn zeitweilig nur eine Achse angetrieben wird, das Vorhandensein einer Allrad-Technologie voraus. Verzichtet man auf den dafür notwendigen technischen Aufwand, begnügt man sich von vornherein mit dem Antrieb nur einer Achse, dann verzichtet man zugleich auf die Vorteile der anderen Möglichkeiten. Aus einem Frontantriebswagen läßt sich nicht durch Umschalten ein Heckantriebswagen machen – und umgekehrt. Man kann die spezifischen Eigenschaften der jeweils anderen Antriebsart nicht nutzen.

Dieser Fall der einseitigen Festlegung überwiegt bisher im Automobilbau – der Zweiradantrieb vorn oder hinten ist Standard. Dabei wird in der Regel versucht, die Nachteile zu mildern und die Vorteile zu verstärken. Unter den Zweiradantrieben wäre derjenige der beste, der die Vorteile der jeweils anderen Alternative ganz mit einschließt – also zum Beispiel ein Heckantrieb mit den Vorteilen des Frontantriebs. Das ist jedoch theoretisch und praktisch nicht möglich – es bleibt dem Allradantrieb vorbehalten.

Dennoch wird die Entscheidung für die eine oder die andere Zweirad-Alternative auch künftig unvermeidbar sein. Denn die Frage nach dem Antrieb ist nicht nur eine Frage der Technik, sie ist auch eine Frage des Preises. Automobile sind Gegenstände der Produktion und des Wettbewerbes auf den Märkten; der Herstellungspreis spielt zumeist eine wichtige Rolle bei der Festlegung der Konzeptionen und Konstruktionsmerkmale.

Ein technisch aufwendiges Konzept rutschte dabei bisher oft durch die Maschen. Erst wenn der Markt eine Sache verlangte, macht man sich Gedanken über ihre möglichst preisgünstige Einbeziehung in die Serienfertigung. Das ist bei gewinn- und umsatzorientierten Unternehmen durchaus normal. Es gibt genug Beispiele für vom Markt erzwungene Verbesserungen: Bei vielen Frontmotorwagen mit Hinterradantrieb wurden die starren, an Blattfedern aufgehängten Hinterachsen mit beim Einfedern mitschwingendem Differential im Lauf der Zeit durch Einzelradaufhängungen mit Gelenkwellen und am Wagenboden befestigtem Differential ersetzt – eine aufwendigere, aber für Fahrkomfort und Fahreigenschaften bessere Lösung. Sie wurde nicht zuletzt durch Information und entsprechend erhöhtes Qualitätsbewußtsein der Autokäufer erzwungen.

Auch Sicherheits- oder Umweltbewußtsein können den technischen Wandel beschleunigen, wie es zum Beispiel bei den Bremsen mit der Einführung einst von Vierradbremsen, dann von Scheibenbremsen, Zweikreissystemen, Bremskraftreglern und ABS der Fall war – oder beim Übergang auf asbestfreie Bremsbeläge. Sicherheitsaspekte gibt es auch im Antriebsbereich, sie werden im Zusammenhang mit dem Vierradantrieb vermehrt diskutiert.

Auch der Frontantrieb erhielt erst aufgrund von Marktveränderungen seine heutige Bedeutung. Er erfordert eine relativ aufwendige Technik – nämlich zwei Antriebswellen mit doppelten Antriebsgelenken, von denen die

Reinhard Seiffert

All-Wheel Drive for Everybody?

All-wheel technology for production cars has changed our perspectives. Drive to all wheels includes every conceivable solution: with all-wheel-drive provision, front or rear axles can be driven separately, theoretically even two diagonal wheels, three wheels or only a single wheel. How and whether these alternatives are used is only a question of control. Drive systems like those of the Porsche 959 and Carrera 4 show that electronic control, especially for cars with higher performance, permits optimum safety as well as individual adaptation to driver, vehicle and road conditions. But this presumes the availability of all-wheel technology, even when only one axle is driven on occasion. If one does without the necessary technological outlays for this, and is satisfied with single-axle drive from the start, then one gives up the advantages of alternative possibilities at the same time. A front-drive car cannot be turned into a rear-drive car – or vice versa – by throwing switches. One cannot utilize the specific features of the "other" drive form.

This situation of one-sided decision has dominated automobile construction to date – two-wheel drive, front or rear, is the standard. As a rule, an attempt is made to reduce disadvantages and strengthen advantages. Among two-wheel drives the best would always be the one which includes as much advantage as possible from the opposite system – rear-wheel drive with the advantages of front-wheel drive for instance. However, that is neither theoretically nor practically possible – it remains the realm of all-wheel drive.

Yet, a decision favoring one or the other two-wheel alternative will remain unavoidable in the future. Because the question of drive is not only a question of technology, it is also a question of price. Automobiles are objects of production and market competition: production price usually plays an important role in determining concept and construction features.

A technically demanding concept often slips through the net. Only when the marketplace demands an item will we consider the most economical means to include it in production. That is fully normal for profit- and sales-oriented companies. There are many examples of market-demand improvements: for most front-engined cars with rear-wheel drive the solid, leaf-sprung rear axle whose differential moved with every bounce, has been replaced in the course of time by independent suspension with prop shaft and differential fixed to the floorpan – a more expensive solution but a better one for comfort and handling. Information and consequently-increased quality awareness on the part of car buyers played a key role in this.

Safety and environmental awareness can also accelerate technical change. Take brakes, for example, where four-wheel brakes were introduced some time ago, to be followed by disc brakes, dual circuits, brake pressure control and ABS – not to mention the move to asbestos-free brake linings. Safety aspects are also found in the drive realm where they are increasingly discussed in connection with four-wheel drive.

Front-wheel drive only attained its current importance due to market changes. It demands relatively elaborate technology – namely two drive shafts with double drive joints, of which the outer ones must be a constant-velocity type. Independent and thus more expensive suspension is another advantage. However, since the beam front axle had disappeared from passenger cars anyway, for comfort reasons, and since the cardan shaft with its joints and mounts is dropped for front-wheel drive, the latter is actually cheaper to produce in large numbers than front engines

äußeren „Gleichlaufgelenke" sein müssen. Auch ist einzelne und damit teurere Aufhängung der Räder ein Vorteil. Da aber die vorderen Starrachsen beim Personenwagen aus Komfortgründen ohnehin verschwanden, da zudem beim Frontantrieb die Kardanwelle samt Gelenken und Aufhängung entfällt, ist er als Zweiradantrieb in großer Serie sogar billiger herzustellen als der Frontmotor-Hinterradantrieb. Nicht zuletzt dadurch wurde er zur bevorzugten Antriebsart der Kleinwagen.

Die Zukunft der Zweiradantriebe

Ob Vorder- oder Hinterradantrieb – als Verbindung von beidem ist der Allradantrieb beiden prinzipiell überlegen. So ist die Frage nach der Allrad-Zukunft im Grunde die Frage nach der Zukunft der verschiedenen Formen des Zweiradantriebes. Und da wäre nüchtern zu fragen, welche Nachteile und, auch das zählt, welche Vorteile mit dem Antrieb jeweils nur einer Achse verbunden sind – außer dem Kostenvorteil, der immer eine Rolle spielen wird. Denn es gibt Fahrzeuge, bei denen der Antrieb aller vier Räder, gemessen am Verwendungszweck, schlicht zu teuer ist.

Generell ist die „Empfindlichkeit", mit der ein Straßenfahrzeug auf Vor- und Nachteile seines Antriebssystems reagiert, nicht von der Höhe der Motorleistung abhängig. Fahrzeuge mit hohem Leistungsangebot, relativ niedrigem Gewicht und geringer Zuladung – besonders Sportwagen – unterliegen jedoch anderen Kriterien als Wagen mit geringerer Leistung und großer Zuladung. Eine wichtige Rolle spielt auch die Gewichtsverteilung des leeren und beladenen Fahrzeuges.

Um mit dem Frontantrieb zu beginnen: Das Antriebsaggregat besteht meist aus einer Einheit von Motor, Getriebe und Achsantrieb, die stets in der Nähe der Antriebsachse eingebaut ist. Bei leerem Wagen ruhen deutlich mehr als 50 Prozent des Gewichts auf den Antriebsrädern. Dies erklärt die gute Traktion des unbeladenen Fahrzeuges, wie sie zum Beispiel im Rallyesport, aber auch im Alltag beim Fahren auf losem Untergrund oder Schnee und Eis festzustellen ist. Bei glatter Bahn kommt die stabilisierende Wirkung der „ziehenden" Vorderräder als Vorteil hinzu. Je nach Gewicht und Anordnung des Motors, der vor, über oder auch hinter der Vorderachse eingebaut sein kann, verändert sich durch Besetzung des Innenraums und Beladung des Kofferraums die Gewichtsverteilung. Bei einem hecklastigen Frontantriebswagen ist die Traktion der Antriebsräder unbefriedigend, besonders auf Steigungen, wo die statische Achslastverlagerung die Vorderachse zusätzlich entlastet. Das Fahrverhalten kann sich durch den Wechsel von der Front- zur Hecklastigkeit verändern, die Zugwirkung beim Gasgeben bleibt jedoch selbst dann bestehen, wenn die Antriebsräder durchdrehen. Aufgrund der dynamischen Gewichtsverlagerung läßt sich hohe Motorleistung mit einem hecklastigen Frontantriebswagen schon auf griffiger und ebener Fahrbahn nicht befriedigend in Vortrieb umsetzen, noch ungünstiger sind die Voraussetzungen auf Steigungen.

Das heckgetriebene Fahrzeug mit Frontmotor und am Motor angeblocktem Getriebe ist in leerem Zustand meist ebenfalls frontlastig und hat dann bei ungünstigen Bedingungen – Glätte, Nässe – eine unzureichende Traktion aufzuweisen. Bei durchdrehenden Hinterrädern ist Beeinträchtigung der Fahrstabilität durch seitliches Ausbrechen möglich, der instabile Fahrzustand muß vom Fahrer durch Gaswegnehmen vermieden oder in der Fahrzeugauslegung durch Antischlupfregelung verhindert werden. Beim Beschleunigen auf griffiger Fahrbahn erhöht sich durch dynamische Achslastverlagerung die übertragbare Antriebskraft („Dragster-Effekt"). Die statische Achslastverlagerung an Steigungen, besetzte Fondsitze und Beladung des Heck-Kofferraums verbessern ebenfalls die Traktion.

Bei Sportfahrzeugen wirken sich die Unterschiede zwischen Front- und Heckantrieb zumeist weniger deutlich aus. Sie unterscheiden sich von vier- bis fünfsitzigen Limousinen durch eine im Verhältnis zum Fahrzeuggewicht geringere Nutzlast, so daß die Gewichtsverteilung durch Zuladung weniger stark beeinflußt wird. Durch zurückversetzten Einbau des Frontmotors kann eine gleichmäßigere Gewichtsverteilung erreicht werden, bei Hinterradantrieb auch durch an der Hinterachse plaziertes Getriebe. Beim Beschleunigen mit sportlicher Motorleistung wirkt sich die dynamische Achlastverlagerung auch hier mit Frontantrieb ungünstig, mit Heckantrieb dagegen günstig aus. Das Lenkverhalten in Kurven

with rear-wheel drive, when it comes to two driven wheels. This is one reason for front drive being the preferred style for small cars.

The future of two-wheel drive

Whether you start from front- or rear-wheel drive – a combination of both as all-wheel drive will always be superior in principle. Thus the question of an all-wheel-drive future is really a question of the future of various forms of two-wheel drive. It is appropriate to ask in this context, what the disadvantages are and, since they also count, what advantages may be found in drive to only one axle – apart from the cost advantage which must always be considered. There are vehicles in which drive to all four wheels is simply too expensive, compared to intended use.

In general the "sensitivity" with which a road car reacts to the pros and cons of its drive system is not dependent on the level of engine output. Vehicles with high performance potential, relatively low weight and minimum load – sports cars in particular – are subject to different criteria than cars with lower output and greater loads. Weight distribution of the vehicle, empty or fully laden, also plays an important role.

To begin with front-wheel drive: the power plant generally consists of a block including engine, gearbox and final drive, always installed near the drive axle. With the car empty, well over 50 percent of its weight rests on the drive wheels. This explains the fine traction observed for unladen cars, in rallying for instance, but also in everyday use when driving on a loose surface or snow and ice.

On a slippery surface the stabilizing effect of "pulling" front wheels is an additional advantage. Depending on weight and location of the engine, which can be installed ahead of, above, or even behind the front axle, weight distribution shifts, depending on occupant numbers and load in the trunk. With a tail-heavy, front-wheel-drive car, drive-wheel traction is unsatisfactory, particularly on climbs where static axle-load shift causes additional unloading of the front axle. Handling can change through the shift from nose-to tail-heaviness, but towing effect with more throttle is still present, even when the drive wheels spin. Due to dynamic weight shift, high engine output cannot be satisfactorily transformed into propulsion with a tail-heavy, front-drive car, even on a grippy, flat surface, while conditions are even less satisfactory on a climb.

The rear-drive vehicle with front engine and gearbox in unit with that engine is usually nose-heavy as well, when empty, so that when conditions are poor – ice or rain – it produces insufficient traction. When rear wheels spin driving stability may be impaired by lateral swerves. A driver must avoid instable handling by releasing the throttle. Or this can be prevented by anti-slip control in the car's specification. When accelerating on a grippy surface, dynamic axle-load shift increases tractive force transmitted (dragster effect). Static axle-load shift on climbs, rear seats in use and loading the rear luggage compartment also improve traction.

With sports cars the difference between front and rear drive is usually less marked. These differ from four- to five-seat sedans in the ratio of lower payload to vehicle weight so that weight shift is less strongly influenced by load. Installing the front engine further back or placing the gearbox at the rear axle for rear-drive cars achieves more even weight distribution. When accelerating with sporting engine output, dynamic axle-load shift is again unsatisfactory with front-wheel drive, better with rear-wheel drive. Steering behavior in a corner (power slide) cannot be influenced as easily in a front-drive car via the throttle as with rear-wheel drive.

The reduced importance of payload for sporting vehicles explains the fact that a combination of rear engine/rear drive – produced by the millions in the VW Beetle – is virtually found in sports cars alone today. Space between the front wheels is not as satisfactory for a sedan trunk as that in the rear, due to steering lock. Therefore, weight distribution is only slightly altered by loading a trunk in the nose. For traction, the rear-engine concept is superior to the combination of front engine/rear drive under all driving conditions.

(„Powerslide“) ist bei Frontantrieb nicht so gut mit dem Gaspedal beeinflußbar wie bei Heckantrieb.

Die bei Sportfahrzeugen geringere Bedeutung der Zuladung erklärt die Tatsache, daß die Verbindung Heckmotor/Heckantrieb – einst im VW-Käfer millionenfach verbreitet – fast nur noch bei Sportwagen zu finden ist. Der Raum zwischen den Vorderrädern eignet sich, bedingt durch den Radeinschlag, nicht so gut für einen Limousinen-Kofferraum wie das Heck. Dementsprechend wird durch Beladung eines Front-Kofferraums die Gewichtsverteilung nur wenig verändert. In der Traktion ist das Heckmotor-Konzept unter allen Fahrbedingungen der Kombination Frontmotor/Heckantrieb überlegen.

Neben dem Kostenvorteil haben alle Formen des Zweiradantriebes gegenüber dem Vierradantrieb einen Gewichtsvorteil aufzuweisen, der zwischen etwa sechs bis zehn Prozent des Leergewichtes liegt. Vergleichbare Zahlenangaben sind problematisch, weil je nach im Ausgangsfahrzeug schon vorhandenen Aggregaten – zum Beispiel Hinterachsantrieb mit Kardanwelle oder Frontantrieb – und der Konstruktion von Motor und Getriebe der zusätzliche Bauaufwand unterschiedlich ist. Je mehr ein Fahrzeug in seiner Grundauslegung für Allradantrieb entwickelt wurde, umso geringer ist der Gewichtsunterschied.

Der Gewichtsvorteil addiert sich besonders bei kleinen, schwach motorisierten Fahrzeugen zum Preisvorteil. Eine – allerdings nicht große – Bedeutung hat die zusätzliche Reibung in der Kraftübertragung des Allradantriebes. Sie wird durch den verringerten Antriebsschlupf zum Teil kompensiert. Den Kraftstoffverbrauch beeinflußt das Gewicht je nach Fahrbedingungen mehr oder weniger fühlbar – im Stadt- und Kurzstreckenverkehr ist das leichtere Fahrzeug aufgrund der zahlreichen Anfahr- und Beschleunigungsvorgänge im Vorteil.

Ein Raumvorteil des Zweiradantriebes tritt besonders bei kleinen Frontantriebswagen in Erscheinung. Hier kann zusätzlicher Hinterradantrieb den Koffer- oder Laderaum beeinträchtigen. Alle diese Gesichtspunkte sprechen dafür, daß der Zweiradantrieb, an erster Stelle der Frontantrieb, beim preisgünstigen kleinen und mittleren Wagen neben dem Allradantrieb seine Existenzberechtigung behält. Bei größeren und stärkeren Fahrzeugen dagegen schneidet der Frontantrieb im direkten Vergleich mit dem Allradantrieb (im gleichen Fahrzeug) weniger günstig ab. Große Frontantriebswagen bieten oft gute technische Voraussetzungen für den Vierradantrieb, so daß der Prozentsatz der Allradfahrzeuge – wie es bisher auch schon der Fall ist – in dieser Kategorie besonders stark zunehmen wird.

Wieweit die „klassische“ schwere Limousine mit Frontmotor und Hinterradantrieb zum Allradfahrzeug wird, hängt nicht zuletzt von der Marketing-Strategie der Hersteller ab. Diese wiederum wird letztlich vom Käufer bestimmt. Dabei wird die Frage eine Rolle spielen, in welchem Umfang die Käufer dieser Wagen Lösungen wie die automatische Schlupfregelung akzeptieren, die im Gefolge des Allradantriebes schnelle Verbreitung gefunden haben. Da die Antriebsräder auch bei geregeltem Schlupf nur soviel Kraft übertragen können, wie ihrem Anteil am Fahrzeuggewicht entspricht, ist der Prinzipvorteil des Allradantriebs auch gegenüber dem schlupfgeregelten Zweiradantrieb unbestreitbar: Er bringt eindeutig ein Sicherheitsplus. Hinzu kommt gerade beim starkmotorisierten Fahrzeug ein Komfortplus, denn das Fahren mit vier angetriebenen Rädern ist schon auf fester Fahrbahn unproblematischer und angenehmer – umso mehr auf unbefestigten Wegen und im Winter.

Der starke Sportwagen mit Frontmotor und Hinterradantrieb – auch er bildet eine klassische Fahrzeugkategorie – hat durch ausgeglichenere, weniger zuladungsabhängige Gewichtsverteilung gegenüber der entsprechenderen Limousine Vorteile aufzuweisen. Seine größere Nähe zum Rennfahrzeug, seine „Dragster“-Eigenschaften beim Beschleunigen, das Interesse seiner Fahrer am Beeinflussen des Lenkverhaltens mit dem Gaspedal verleihen ihm besondere Attraktivität. Im Interesse der Sicherheit braucht auch er eine „intelligente“ Schlupfregelung oder zumindest das klassische Sperrdifferential, das in vielen dieser Fahrzeuge eingebaut ist.

Apart from the cost advantage, all forms of two-wheel drive have a weight advantage over four-wheel drive. This will amount to roughly six to ten percent of the empty weight. Comparative figures are problematic because additional construction outlays vary, depending on already-available components in the vehicle you start with – for instance, rear-axle drive with cardan shaft or front-wheel drive – as well as design of the engine and gearbox. The more a vehicle is developed in its basic concept for all-wheel drive, the lower this weight differential.

Weight advantage becomes a price advantage, especially for small, low-powered vehicles. Additional friction in power transmission with all-wheel drive has additional – although not vital – importance. It is compensated in part by reduced slip. Weight influences fuel consumption to a more or less noticeable degree depending on driving conditions – in city and local traffic the lighter vehicle has an advantage, due to countless start and acceleration procedures.

A space advantage from two-wheel drive is particularly apparent for small, front-drive cars. Here adding rear-wheel drive can reduce luggage or load area. All these points indicate that two-wheel drive, with front drive in the forefront, will maintain its position alongside all-wheel drive for low-priced, small and medium-size cars. For larger, more-powerful cars, on the other hand, front-wheel drive doesn't appear so satisfactory in direct comparison with all-wheel drive (for the same vehicle). Large, front-drive cars often offer good technical prerequisites for four-wheel drive so that the percentage of all-wheel-drive cars will increase especially strongly in this category – as has already been the case.

How far the "classic" heavy sedan with front engine and rear-wheel drive will tend towards all-wheel configuration will be due in no small measure to the marketing strategy of the producer. And this, again, will be determined by the buyer. Here the question is: how many customers of such cars will accept solutions such as automatic slip control, which has found wide application in the wake of all-wheel drive. Since drive wheels can only transmit as much power, even with controlled slip, as their share of vehicle weight represents, the advantage of the all-wheel-drive principle over even slip-controlled two-wheel drive remains indisputable. It produces a clear safety plus. For powerful vehicles in particular there is also a comfort plus since travel with four driven wheels is less problematic and more pleasant, even on pavement – but even more so on unpaved surfaces or in winter.

Powerful sports cars with front engines and rear-wheel drive – another classic vehicle category – can offer advantages over relevant sedans due to more-balanced and less load-dependent weight distribution. Their closer relationship to race cars, their "dragster" habits when accelerating, the interest of their drivers in influencing steering behavior with the throttle, all give them a special attraction. In the interests of safety they need "intelligent" slip control or at least the classic limited-slip differential, installed in many cars.

All-wheel drive and marketing

Although many features have been developed further in recent times – front-wheel and rear-wheel drive have been mass-produced for a long time. This means, production of all-wheel drive could also be economically "computed" years ago. Among automobile producers the middle-size Japanese firm Subaru recognized this first: in the 70s it was no problem to build economical cars with all-wheel drive.

However, their all-wheel drive was only a manually-selected traction aid for front-drive cars. Permanent all-wheel drive for front-engined cars, following the Ferguson example, such as Audi put into production at the beginning of the 80s, requires additional outlay for a lockable center differential and its connections to the two driven axles. It demanded assembly investments for larger numbers while their profitability could not be calculated at first. There was no marketing experience of any kind for passenger cars with permanent all-wheel drive – in general, market chances for technical innovations cannot be estimated because there is no basis for comparison. This is why Audi developers could only "sell" a small homologation series of all-wheel-drive cars for sporting activities to the firm's head office in Wolfsburg.

Allrad und Marketing

Wenn sich auch in letzer Zeit noch manches weiterentwickelt hat – in Großserie hergestellt wird beides seit langem: der Frontantrieb und der Hinterradantrieb. Somit ließ sich auch die Serienfertigung des Allradantriebes schon vor Jahren wirtschaftlich „rechnen“. Unter den Autoherstellern erkannte dies zuerst die mittelgroße japanische Firma Subaru: Es war in den 70er Jahren kein Problem, Fahrzeuge mit Allradantrieb preisgünstig herzustellen.

Allerdings war dieser Allradantrieb nur eine zuschaltbare Traktionshilfe für Frontantriebswagen. Der permanente Allradantrieb von Frontmotorwagen nach dem Ferguson-Beispiel, wie ihn dann Audi zu Beginn der 80er Jahre in die Serienfertigung einführte, setzt zusätzlichen Aufwand für ein sperrbares Zwischendifferential und dessen Verbindung zu beiden Antriebsachsen voraus. Er erforderte bei großer Stückzahl Fertigungs-Investitionen, deren Wirtschaftlichkeit zunächst nicht kalkulierbar war. Denn es gab für Personenwagen mit permanentem Allradantrieb auch keinerlei Marketing-Erfahrungen – die Marktchancen technischer Innovationen lassen sich meist nicht vorausschätzen, weil es keine Vergleichswerte gibt. So konnten die Audi-Entwickler in der Wolfsburger Konzernzentrale zunächst auch nur eine kleine Homologationsserie des Allradfahrzeuges für die Sportaktivitäten durchsetzen.

Erst als die Autokäufer durch praktische Erfahrungen aufmerksam wurden, als positive Urteile qualifizierter Fachjournalisten in Zeitschriften und Zeitungen auftauchten, – erst dann waren die Voraussetzungen gegeben, in die Fertigung zu investieren und normale Serienwagen mit permanentem Allradantrieb anzubieten.

Diese Reihenfolge von der Technik über den Sport, die Information und den Käufer zum Marketing ist keine neue Erscheinung, sie ist eher typisch für die Durchsetzung von Innovationen beim Automobil. Der Käufer überzeugt sich entweder selbst oder er vertraut auf fundierte Information. Diese wiederum setzt überzeugende Resultate technischer Entwicklungen voraus, wie sie im Automobilsport besonders gut demonstriert werden können.

Das Marketing ist das letzte Glied in der Kette, aber es ist deshalb nicht unwichtiger als die anderen Glieder. Marketing kann Erfolg nicht erzwingen, aber es kann neue Möglichkeiten der Technik mehr oder weniger gut nutzen. Nicht zuletzt davon hängt es für den Hersteller ab, wie sich die Sache rechnet. Beim Allradantrieb rechnete sie sich erstaunlich bald – wobei die wichtigste Unbekannte in dem relativ hohen Mehrpreis bestand. Würden die allradinteressierten Käufer ihn akzeptieren?

Sie taten es, und sowohl für Audi als auch für Volkswagen – mit der preisgünstigen variablen Ferguson-Viscokupplung des „Syncro“-Antriebes – hat sich der Aufwand für die Allrad-Technik bereits durch den Verkaufserfolg bezahlt gemacht. Andere Hersteller folgten diesen Beispielen, wobei die Rechnung natürlich nicht in jedem Fall sofort aufging.

Ob sie aufgeht, daran ist die Technik auch im Marketing-Stadium – das der Allradantrieb längst erreicht hat – nicht unbeteiligt. Unterdessen gibt es auf dem Markt permanente Allradantriebe mit verschiedenen Formen von Mitteldifferentialen, Längskupplungen sowie Längs- und Quersperren. Unter den variablen Lösungen galt bisher die vom Fahrer beeinflußbare elektronische Steuerung der Längskupplung des Porsche 959 als interessanteste und fortschrittlichste Form des Allradantriebes. Sie findet nun ihre Fortsetzung in der „differentialschlupfgesteuerten“, fahrdynamischen Regelung des Carrera 4.

Der Allradantrieb ist somit zum festen Bestandteil der Automobiltechnik geworden. Die bisher auf den Markt gekommenen Allrad-Versionen entstanden zwar überwiegend noch durch Abänderung vorhandener Fahrzeuge. Bei ihnen ist der Allradantrieb mit höheren Kosten und meist auch höherem Gewicht verbunden als bei Fahrzeugen, die von vornherein auf Allradversionen ausgelegt sind. Es ist anzunehmen, daß künftig bei der Konzeption neuer Personenwagen der Allradantrieb von Anfang an vorgesehen wird – das bringt in jeder Hinsicht einen Rationalisierungseffekt mit sich.

Ferdinand Porsche hatte den Volkswagen schon im Jahr 1936 so ausgelegt, daß der Motor durch einfaches Umdrehen des Aggregates sowohl vorn als auch im Heck eingebaut wer-

Only when automobile buyers became aware from practical experience, and when positive reports from qualified journalists appeared in newspapers and magazines – only then did conditions exist for investment in production facilities, in order to offer a normal production car with permanent all-wheel drive.

This progression from technology via sport, information and buyers, down to marketing, is not a new phenomenon, but is rather typical for the breakthrough of automobile innovations. The buyer either convinces himself personally or depends on well-founded information. This, on the other hand, presupposes convincing results from technical development such as automobile sport can demonstrate so effectively.

Marketing is the last link in the chain but that renders it no less important than the other links. Marketing can't force success but it can utilize new technical possibilities more or less well. The bottom line for any producer depends to a large degree on this. With all-wheel drive, calculations came amazingly soon – while the major unknown was a relatively high surcharge. Would buyers interested in all-wheel drive accept this?

They did, for an Audi as well as for a Volkswagen – with its well-priced, variable, Ferguson visco coupling in their "Syncro" all-wheel drive. Outlays for all-wheel-drive technology have already been covered by sales success. Other producers followed such examples, although their calculations didn't always work out immediately.

Whether they do depends to an extent on technology – even in the marketing stage – which all-wheel drive has long since reached. Meanwhile, the market offers permanent all-wheel drive with various sorts of center differential, center clutches as well as center and transverse locks. Among variable solutions introduced so far, the driver-influenced, electronic control of the center clutch in a Porsche 959 is considered the most interesting and advanced form of all-wheel drive. It is now continued in the "differential slip-controlled," driving-dynamics control of a Carrera 4.

All-wheel drive has thus become a fixed feature in automobile technology. Most all-wheel-drive versions found on the market up to now, it is true, stem largely from changes to existing vehicles. For them, all-wheel drive means higher costs and usually higher weight as well, than for vehicles laid out for all-wheel-drive versions initially. We can expect that in future concepts for new passenger cars, all-wheel drive will be planned from the first – that will produce a rationalization effect in every respect.

Ferdinand Porsche laid out the Volkswagen as early as 1936 so that its engine could be installed in front or back, by simply turning it around, ready to drive all four wheels in any case – this Beetle was the first mass-production car of flexible concept. In the future, drive-system flexibility will be the norm. A new page has been opened in the history of the automobile through all-wheel drive and its systematic development. The first contribution to this chapter came from Vienna at the turn of the century – the latest comes from Weissach and is called Carrera 4.

den und in jedem Fall alle Räder antreiben konnte – der Käfer war der erste Großserienwagen mit flexibler Konzeption. In der Zukunft wird Flexibilität des Antriebssystems wohl der Normalfall sein. Mit dem Allradantrieb und seiner systematischen Entwicklung wurde in der Geschichte des Automobils eine neue Seite aufgeschlagen. Der erste Beitrag zu diesem Kapitel stammt aus dem Wien der Jahrhundertwende – der neueste kommt aus Weissach und heißt Carrera 4.

BB PW 215